嵌入式系统设计与开发系列丛书

Android 人才培养示范基地用书

Android 操作系统与应用开发

Android Operating System and its Applications

刘乃安　　　主编

樊凯　　李晖　　编著

李娜　　王悦

西安电子科技大学出版社

内 容 简 介

Android 操作系统是由 Google 公司开发的开源手机操作系统，由于其源代码开放，任何人都可以免费使用，因而成为目前最流行、最热门的嵌入式操作系统之一。它由应用层、应用框架层、系统运行库层、Linux 内核层四部分组成。掌握 Android 操作系统的应用与开发对通信工程领域的人员具有非常重要的意义。

本书主要介绍 Android 操作系统及其应用开发，共分为 7 章，分别为 Android 基础、Android 应用层开发语言、Android 应用开发环境、Android 基本组件、Android 数据存储、Android 简单应用和 Android 开发实例等。本书通过通信工程领域的具体应用开发实例介绍 Android 综合开发方法和技术，简单易懂，能够让读者更快地上手 Android 应用开发。

本书可作为高等院校或培训机构进行 Android 操作系统教学与开发的教材，也可作为通信工程等相关领域的技术人员的 Android 程序设计入门参考书。

本书中的程序代码全部经过上机验证，均可以正常运行。如果需要其中的程序源代码，请与西安电子科技大学出版社联系。

图书在版编目 (CIP) 数据

Android 操作系统与应用开发/刘乃安主编. —西安：西安电子科技大学出版社，2012.10(2018.1 重印)

(嵌入式系统设计与开发系列丛书)

ISBN 978-7-5606-2929-2

Ⅰ. ① A… Ⅱ. ① 刘… Ⅲ. ① 移动终端—应用程序—程序设计 Ⅳ. ① TN929.53

中国版本图书馆 CIP 数据核字(2012)第 238699 号

策　　划　李惠萍
责任编辑　张玮
出版发行　西安电子科技大学出版社(西安市太白南路 2 号)
电　　话　(029)88242885　88201467　　　邮　　编　710071
网　　址　www.xduph.com　　　　　　电子邮箱　xdupfxb001@163.com
经　　销　新华书店
印刷单位　陕西利达印务有限责任公司
版　　次　2012 年 10 月第 1 版　　2018 年 1 月第 2 次印刷
开　　本　787 毫米×1092 毫米　1/16　印 张　10.5
字　　数　245 千字
印　　数　3001～4000 册
定　　价　20.00 元

ISBN 978-7-5606-2929-2/TN

XDUP　3221001-2

如有印装问题可调换

前　言

随着 Android 智能手机平台在市场上的广泛普及和移动计算技术的迅速发展，基于 Android 操作系统的增值业务开发变得越来越流行。Google Android 操作系统是 Google 公司于 2007 年 11 月 5 日发布的基于 Linux 平台的开源手机操作系统，其特色在于拥有强大的用户界面设计，采用了优化图形显示技术及专用图标；从程序员的角度出发，向应用程序提供了完备的系统调用、进程管理与进程通信以及应用程序开发接口等。Android 操作系统在发布初期就强调在全球范围内公开源码以供用户免费使用，是首个为移动终端打造的真正开放和完整的移动软件。

一般地，安装了某种嵌入式操作系统的移动设备，我们称它为"智能"的。Android 操作系统被普遍认可为真正意义上的开源智能手机操作系统，它由操作系统、中间件、用户界面和应用软件组成。随着 Android 操作系统在智能手机市场中的占有率不断提升，Google 公司不断升级优化 Android 操作系统，2011 年 6 月 28 日，Google 公司正式发布了 Android 4.1 操作系统。

本书阐述了 Android 操作系统及其应用开发的相关原理与技术，共分为 7 章。

第 1 章"Android 基础"介绍了 Android 操作系统的发展前景与系统架构，以及 Android 操作系统的开源知识和学习资源。

第 2 章"Android 应用层开发语言"介绍了 Java 语言的语法与数据结构，深入讲解了 Java 类、内部类、接口等概念。鉴于 Android 应用层程序开发采用 Java 语言，这一章的内容主要是帮助那些没有接触过 Java 语言的读者快速入门。

第 3 章"Android 应用开发环境"详细讲述了 Android 开发平台的搭建过程，并通过实例介绍了"Hello World"工程的详细创建过程，可以使初学者对 Android 开发平台有一个直观的理解。

第 4 章"Android 基本组件"重点讲述了 Android 用户界面开发的常用控件和使用布局方法、Android 应用程序的四大基本组件及其生命周期；通过简单的片段代码实例，深入分析单用户界面程序设计的特点、Intent 的概念和不同界面间的数据通信方法。

第 5 章"Android 数据存储"介绍了 Android 操作系统的五种数据存储方式或访问方式，即 SharedPreferences 存储方式、文件存储方式、SQLite 数据库存储方式、Content Provider(内容提供者)存储及网络存储等，并通过示例对比了这五种方式的异同点，用于实现不同应用程序间的数据共享和通信。

第 6 章"Android 简单应用"结合前几章介绍的 Android 基本组件开发知识，通过实例介绍了简单音乐播放器、简单视频播放器、简单录音程序三个简单 Android 应用程序的开发过程，使初学者能够快速熟练地掌握基本组件的综合应用开发和 Android 应用程序的开发流程。

第 7 章 "Android 开发实例"详细讲述了三个较为复杂的 Android 操作系统程序。其中列举了基于手机的便携式远程医疗监护系统的开发过程，该实例从分析需求到系统框架的提出，再到具体代码的设计与实现，完整展示了一个复杂应用的开发流程，有助于初学者的进阶学习。

本书内容基于西安电子科技大学 Google 联合实验室、Google Android 人才培养示范基地开设的课程和实验以及学生竞赛的作品，因此，感谢西安电子科技大学通信与信息工程国家级实验教学示范中心所给予的支持。此外，感谢西安电子科技大学通信工程学院的王康、陈曦为本书撰写所做的大量工作，感谢西安电子科技大学的宁奔、史明虎为书中开发实例所做的工作。本书在编写过程中还得到西安电子科技大学通信工程学院和西安电子科技大学教务处的帮助，在此表示感谢。

由于作者水平有限，再加上时间仓促，书中难免有不足之处，敬请同行专家和读者批评指正。

编 者

2012 年 7 月于西安电子科技大学

目　　录

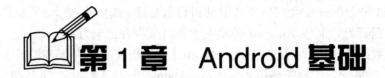

第 1 章　Android 基础

1.1　Android 的前景

　　Android 是 Google 公司于 2007 年 11 月 5 日发布的基于 Linux 平台的开放式平台。Android 一词的本义指"机器人"，它最早出现在法国作家发表的科幻小说中，作家将外表像人的机器人取名 Android。Android 的创始人安迪·鲁宾(Andy Rubin)非常喜欢这个小说中的人物，所以就给自己的软件起名为 Android。

　　Android 平台由操作系统、中间件、用户界面和应用软件组成，是首个为移动终端打造的真正开放和完整的移动平台。目前，Android 操作系统最新的实用版本为 Android 2.3 Gingerbread 和 Android 3.0 Honeycomb。2011 年 5 月 Google 公司在 Google I/O 大会上首次演示了新版本 Android 4.0 操作系统，Google 公司董事长埃里克·施密特(Eric Schmidt)于 2011 年 9 月 2 日在 Dreamforce 大会上命名该版本为"Ice Cream Sandwich"，新版本同时支持智能手机和平板电脑。Android 各个版本名称及其发布时间如表 1.1 所示。从表中可以看出，版本名称的首字母从 C 到 J，所以有消息称继"Ice Cream Sandwich"之后，下一版 Android 系统的代号是以"J"开头的"Jelly Bean"。

表 1.1　Android 各个版本名称及其发布日期

版 本 名 称	发 布 日 期
Android 1.1	2008.09
Android 1.5 (Cupcake　纸杯蛋糕)	2009.04
Android 1.6 (Donut　甜甜圈)	2009.09
Android 2.0/2.1 (Eclair　松饼)	2009.10.26
Android 2.2 (Froyo　冻酸奶)	2010.05.20
Android 2.3 (Gingerbread　姜饼)	2010.12.06
Android 3.0 (Honeycomb　蜂巢)	2011.02.03
Android 4.0 (Ice Cream Sandwich　冰激凌三明治)	2011.10.19
Android 4.1 (Jelly Bean　果冻豆)	2012.6.28

随着采用 Android 操作系统的手机、平板电脑等智能终端产品市场占有率的逐步扩大，基于 Android 平台的开发及应用人才的缺口日益显现。据业内统计，目前国内的 3G 研发人才缺口有三四百万，其中 Android 研发人才缺口至少有三十万。

据相关数据统计显示：目前热招的 Android 技术相关岗位约有 3882 个，而一个月内的有效岗位量为 2298 个，主要的热招职位包括：Android 软件工程师、Android 应用开发工程师、Android 操作系统驱动工程师、Android 手机游戏开发人员、Android 操作系统软件开发人员、Android 游戏应用版本管理人员、人机交互分析工程师、Android 中间层开发工程师等。

从人才需求类型来看，目前企业对 Android 人才的需求主要分为两类：一类偏向硬件驱动型，一类偏向软件应用型。从招聘需求来看，后者的需求最大，具体包括手机游戏、手机终端应用软件和其他手机应用软件的开发等。统计显示，软件应用型的 Android 开发人才需求大约占总需求的 72%。

据职业专家分析，由于目前 Android 技术较新，相关书籍、培训和大学教育等都处于初级阶段，因此 Android 人才将在短期内供不应求。从长期来看，随着各种移动应用和手机游戏等方面需求的日益增长，将激励手机应用开发商加大对 Android 应用的开发力度，因此 Android 人才的就业前景非常乐观。

1.2　Android 操作系统的架构

Android 操作系统可分为应用层(Applications)、应用框架层(Application Framework)、系统运行库层(Libraries)和 Linux 内核层(Linux Kernel)四层，如图 1.1 所示。

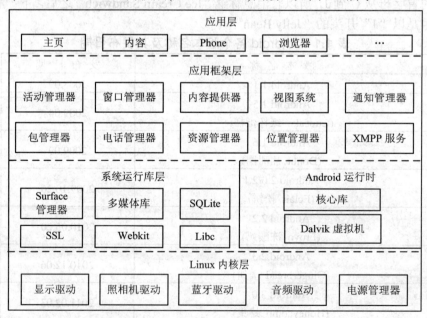

图 1.1　Android 系统架构图

1. 应用层

应用层是采用 Java 语言编写的运行在虚拟机上的程序。应用层主要是一些面向用户的图形化界面的应用程序，这些应用程序中还包含一些和它们相关的资源文件。应用程序的主程序和相关的资源文件经过编译后会生成一个后缀为 apk 的包。此外，Google 公司从开始就在 Android 操作系统中捆绑了一些核心应用，例如：E-mail 客户端、SMS 短消息程序、日历、地图、浏览器、联系人管理程序等，这些应用都是 Android 提供给大家直接使用的。

2．应用框架层

应用框架层主要是 Google 公司发布核心应用时所使用的 API 框架，开发人员同样可以使用这些框架来开发自己的应用。虽然这种方式简化了程序开发的架构设计，但同时带来的问题就是必须遵守该框架的开发原则。

从图 1.1 中可以看出，Android 操作系统在应用框架层提供了一些组件，这些组件的名称和功能如表 1.2 所示。

表 1.2　Android 应用框架层的组件名称及其功能

组 件 名 称	功　　能
活动管理器 (Activity Manager)	管理应用程序的生命周期并提供常用的导航回退功能
窗口管理器 (Window Manager)	管理所有的窗口程序
内容提供器 (Content Providers)	让一个应用访问另一个应用的数据(例如：联系人数据库)，或共享它们自己的数据
视图系统 (View System)	构建应用程序界面，其中包括列表(List)、网格(Grid)、编辑框(EditText)、按钮(Button)以及可嵌入的 Web 浏览器
包管理器 (Package Manager)	管理 Android 应用程序包
资源管理器 (Resource Manager)	提供非代码资源的访问，例如：本地字符串、图形和布局文件(Layout File)
通知管理器 (Notification Manager)	在状态栏中显示自定义的提示信息

3．系统运行库层

系统运行库可以是 C/C++库或 Android 运行库。当使用 Android 应用框架时，Android 操作系统会通过一些 C/C++库来支持所使用的各个组件，这些库的名称及其功能如表 1.3 所示。

从图 1.1 中可见，系统运行库层除了以上这些库之外，还包括 Android 运行时(Android Runtime)。Android 运行时包括了核心库(Core Libraries)和 Dalvik 虚拟机(Dalvik Virtual Machine)。每个 Android 程序都运行在 Dalvik 虚拟机之上。由于 Dalvik 虚拟机只执行后缀名为 dex(Dalvik Executable)格式的可执行文件，因此，当 Android 应用程序中的 Java 程序通过编译后，还需要通过 SDK 中的 dx 工具转化成后缀名为 dex 的格式才能在虚拟机上正常执行。

Google 公司于 2007 年底正式发布了 Android SDK。Dalvik 虚拟机作为 Android 操作系统的重要特性，第一次进入到人们的视野中。它对内存的高效使用和在低速 CPU 上表现出的高性能，使得 Android 操作系统可以简单地完成进程隔离和线程管理。每一个 Android

应用在底层都会对应一个独立的 Dalvik 虚拟机实例，该实例的代码在虚拟机的解释下才得以执行。

表 1.3　Android 系统运行库的名称及其功能

库　名	功　　能
Libc	Android 并没有采用 Glibc 作为 C 库，而是采用了 Google 自己开发的 Bionic Libc。它从 BSD 继承了标准的 C 系统函数库，是专门为基于嵌入式 Linux 的设备定制的
多媒体库 (Media Framework)	基于 PacketVideo OpenCORE 的 Android 系统多媒体库，该库支持多种常见格式的音频、视频回放和录制，以及 MPEG 4、MP 3、AAC、AMR、JPG、PNG 等格式的图片
SQLite	关系数据库
OpenGL ES	专业的图形程序接口，是一个功能强大、调用方便的底层图形库，用于实现 3D 效果
FreeType	位图(Bitmap)及矢量(Vector)
Webkit	Web 浏览器引擎
SGL	2D 图形引擎库
SSL	位于 TCP/IP 协议与各种应用层协议之间，为数据通信提供支持

很多人认为 Dalvik 虚拟机是一个 Java 虚拟机，因为 Android 应用的编程语言恰恰就是 Java 语言。其实这种说法并不准确，因为 Dalvik 虚拟机并不是按照 Java 虚拟机的规范来实现的，两者并不兼容。它们有两个明显的不同：Java 虚拟机运行的是 Java 字节码，而 Dalvik 虚拟机运行的则是其专有的格式为 dex 的文件。Java 程序中的 Java 类会被编译成一个或者多个字节码文件(.class)并打包到 jar 文件，而后 Java 虚拟机会从相应的 class 文件和 jar 文件中获取相应的字节码；Android 应用虽然也使用 Java 语言进行编程，但是在将其编译成 class 文件后，还须通过 dx 工具将所有的 class 文件转换成一个 dex 文件，之后 Dalvik 虚拟机才能从中读取指令和数据。

Dalvik 虚拟机非常适合在移动终端上使用，相对于在桌面系统和服务器系统中运行的虚拟机而言，它不需要很快的 CPU 计算速度和大量的内存空间。根据 Google 公司的测算，64 MB 的内存足以让 Dalvik 虚拟机系统正常运转，其中 24 MB 被用于底层系统的初始化和启动，另有 20 MB 被用于高层服务的启动。当然，随着系统服务的增多和应用功能的扩展，其所消耗的内存也势必越来越大。归纳起来，Dalvik 虚拟机具有如下几个主要特征：

(1) 专有的 dex 文件格式。dex 是 Dalvik 虚拟机专用的文件格式。弃用已有的字节码文件(class 文件)而采用新的格式的原因是：

① 字节码文件的每个应用中定义了很多类，编译完成后即生成很多相应的 class 文件，class 文件中会有大量冗余信息，而 dex 文件会把所有 class 文件的内容整合到一个文件中。这样，除了减少整体的文件尺寸和 I/O 操作次数外，也提高了类的查找速度。

② dex 文件增加了对新操作码的支持。

③ dex 文件结构简洁，使用等长的指令来提高解析速度。

④ dex 文件尽量扩大只读结构的大小，以支持跨进程的数据共享。

(2) dex 的优化。dex 文件的结构是紧凑的，但是如果要进一步提高运行性能，就需要进一步优化 dex 文件。优化主要针对以下几个方面：

① 调整所有字段的字节序(LITTLE_ENDIAN)和对齐结构中的每一个。

② 验证 dex 文件中的所有类。

③ 对一些特定的类和方法中的操作码进行优化。

(3) 基于寄存器。相对于基于堆栈实现的虚拟机，基于寄存器实现的虚拟机虽然在硬件通用性上要差一些，但在代码的执行效率上却更胜一筹。

(4) 一个应用，一个虚拟机实例，一个进程。每一个 Android 应用都运行在一个 Dalvik 虚拟机实例中，而每一个虚拟机实例都是一个独立的进程空间。虚拟机的线程机制、内存分配和管理、Mutex 等的实现都依赖于底层操作系统。所有 Android 应用的线程都对应一个 Linux 线程，虚拟机因而可以更多地依赖于操作系统的线程调度和管理机制。不同的应用在不同的进程空间里运行，对不同来源的应用都使用不同的 Linux 用户来运行，可以最大程度地保护应用的安全和独立运行。

4．Linux 内核层

Android 的核心系统服务基于 Linux 内核，它的安全性、内存管理、进程管理、网络协议栈和驱动模型等都依赖于该内核，Linux 内核层同时也是硬件和软件栈之间的抽象层。

Android 需要大量和移动设备相关的驱动程序。目前，Android 内核的最新开发版本是2.6.31，它是一个增强型的内核版本，除了修改部分 Bug 外，还提供了用于支持 Android 平台的设备驱动和系统功能，其核心驱动和功能如表 1.4 所示。

表 1.4 Android 核心驱动及其功能

核 心 驱 动	功　　能
显示驱动(Display Driver)	基于 Linux 的帧缓冲(Frame Buffer)驱动程序
键盘驱动(Keyboard Driver)	作为输入设备的键盘驱动程序
Flash 内存驱动 (Flash Memory Driver)	基于 MTD 的 Flash 驱动程序
照相机驱动 (Camera Driver)	常用的基于 Linux 的 v4l2(Video for Linux)驱动程序
音频驱动 (Audio Driver)	常用的基于 ALSA(Advanced Linux Sound Architecture)的高级 Linux 声音体系驱动程序
蓝牙驱动 (Bluetooth Driver)	基于 IEEE 802.15.1 标准的无线传输驱动技术
WiFi 驱动	基于 IEEE 802.11 标准的驱动程序

相对于 Linux 内核，Android 内核在以下方面进行了改进：

(1) Binder IPC 驱动：Android 系统的一个特殊的驱动程序，具有单独的设备节点，提供进程间通信的功能。该驱动基于 OpenBinder 框架的一个驱动程序，其源代码位于 drivers/staging/android/binder.c 文件中。

(2) 电源管理(Power Management)：基于标准 Linux 电源管理系统的轻量级的 Android 电源管理驱动，针对嵌入式设备做了很多优化。其源代码位于以下几个文件中：kernel/

power/ wakelock.c、kernel/power/userwakelock.c、kernel/power/earlysuspend.c、kernel/ power/consoleearlysuspend.c 和 kernel/power/fbearlysuspend.c。

(3) 匿名共享内存(Ashmem)：为进程间提供大块共享内存，同时为内核提供回收和管理这个内存的机制，源代码位于 mm/ashmem.c 文件中。

(4) Android PMEM(Physical)：PMEM 用于向用户空间提供连续的物理内存区域(DSP和某些设备只能工作在连续的物理内存上)，源代码位于 drivers/misc/pmem.c 文件中。

(5) Android Logger：轻量级的日志设备，用于抓取 Android 系统的各种日志，源代码位于 drivers/staging/android/logger.c 文件中。

(6) Android Alarm：提供一个定时器，用于唤醒睡眠状态中的设备，同时它也提供了一个即使在设备睡眠时也会运行的时钟基准，源代码位于 drivers/rtc/alarm.c 文件中。

(7) SB Gadget 驱动：基于标准 Linux USB Gadget 驱动框架的设备驱动，Android 的 USB驱动是基于 Gadget 框架的，源代码位于 drivers/usb/gadget/目录下。

(8) Android Ram Console：为了提供调试功能，Android 允许将调试日志信息写入一个被称为 RAM Console 的设备里，它是一个基于 RAM 的 Buffer，源代码位于 drivers/staging/android/ram_console.c 文件中。

(9) Android Timed Device：提供了对设备进行定时控制的功能，目前支持 Vibrator 和LED 设备，源代码位于文件 drivers/staging/android/timed_output.c(timed_gpio.c)中。

(10) Yaffs2 文件系统：Android 采用 Yaffs2 作为 MTD NAND Flash 文件系统，源代码位于 fs/yaffs2/目录下。Yaffs2 是一个快速而稳定的应用于 NAND 和 NOR Flash 的跨平台的嵌入式设备文件系统，同其他 Flash 文件系统相比，Yaffs2 使用更小的内存来保存它的运行状态，因此它占用内存小；Yaffs2 的垃圾回收非常简单、快速，因此能达到更好的性能要求；Yaffs2 在大容量 NAND Flash 上的性能表现尤为明显，非常适合大容量的 Flash 存储。

以上对 Linux 内核改进的源代码全部位于 Android 内核源代码目录中，因此需要先下载 Android 内核。这里以下载 goldfish 分支为例，首先介绍 Android 内核下载的过程。

(1) 使用 Git 工具下载 Android 内核 goldfish 分支源码：

```
mkdir ～/kernel
cd ～/kernel
git clone https://android.googlesource.com/kernel/goldfish.git
```

(2) 默认情况下，源代码下载完成后是隐藏的，可以使用 "ls -a" 或者 "la" 命令查看；使用"git branch -a"命令可以查看该分支包含的版本信息。这里我们提取出"android-goldfish-2.6.39"的内核版本，输入如下命令：

```
git checkout -b android-goldfish-2.6.39 origin/android-goldfish.2.6.39
```

(3) 此时使用 "ls" 命令即可查看 Android 内核目录，如图 1.2 所示。

```
arch            drivers      Kbuild          modules.order    scripts       vmlinux
block           firmware     kernel          Module.symvers   security      vmlinux.o
COPYING         fs           lib             net              sound
CREDITS         include      MAINTAINERS     README           System.map
crypto          init         Makefile        REPORTING-BUGS   usr
Documentation   ipc          mm              samples          virt
```

图 1.2　内核目录

Android 是基于 Linux 内核的操作系统，所以对于一个新的设备，需要先编译一个支持 Android 的 Kernel，即除了需要移植前面提到的驱动之外，还需配置 Kernel 来支持 Android 平台，这里可以参考 Goldfish（模拟器 CPU）的内核配置文件，首先输入"cp arch/arm/configs/goldfish_defconfig .config"将内核配置文件复制到内核根目录下并修改文件名为".config"，然后输入"make menuconfig"显示内核配置界面，如图 1.3 所示。

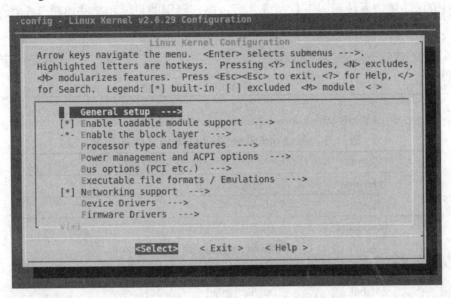

图 1.3　内核配置界面

配置完成后，就可以用交叉编译工具来编译内核了。以编译模拟器的内核为例，操作过程如下：

(1) 修改内核根目录下的 Makefile 文件，修改"CROSS_COMPILE"的值为"arm-eabi-"，修改"LDFLAGS_BUILD_ID"的值为空。

(2) 使用如下命令设置交叉编译工具的路径(如果没有交叉编译工具包，则使用"git clone https://android.googlesource.com/platform/prebuilt"命令下载)：

```
export PATH=$PATH:交叉编译工具的路径
```

(3) 设置环境变量：

```
export ARCH=arm
export SUBARCH=arm
export CROSS_COMPILE=arm-eabi-
```

(4) 编译内核：

```
make -jX
```

其中 X 表示处理器的线程数，用来加快编译速度。

编译完成后会在 arch/arm/boot/文件夹里面生成 zImage 文件，这就是编译生成的内核镜像文件，如图 1.4 所示。

```
bootp compressed Image install.sh Makefile zImage
```

图 1.4　编译生成 zImage 文件

1.3 Android 开源知识

Google 公司提供的 Android 手机开发平台包含了原始 Android 的目标机代码、主机编译工具和仿真环境，系统源码下载完成之后，第一级别的目录和文件如图 1.5 所示，其中的各个目录和文件的功能如表 1.5 所示。

```
abi        build      development  external    kernel    ndk       prebuilts
bionic     cts        device       frameworks  libcore   packages  sdk
bootable   dalvik     docs         hardware    Makefile  prebuilt  system
```

图 1.5 Android 系统源码第一级别的目录和文件

表 1.5 Android 系统源码目录和文件的功能

名　称	功　能
Makefile	全局的 Makefile
bionic	Bionic C 库
bootloader	系统引导相关代码
build	编译和配置源码所需要的脚本和工具
cts	Android 兼容性测试套件标准
dalvik	Dalvik 虚拟机
development	程序开发所需要的模板和工具
external	目标机器使用的一些库
frameworks	应用程序的核心框架
hardware	部分厂家提供的开源的硬件适配层 HAL 代码
kernel	Android 内核源代码
packages	Android 的应用程序源代码
prebuilt	Android 在各种平台下编译的预置脚本
sdk	sdk 及模拟器
system	底层文件系统库、应用及组件

Android 代码的工程分为以下三个部分：

(1) 核心工程(Core Project)。

核心工程是建立 Android 操作系统的基础，位于根目录的各个文件夹中。这个核心工程主要提供一些编译系统，对 Android 操作系统的基本运行进行支持。Bootloader 是内核加载器的内容，在内核运行之前运行，其中 kernel 是内核中的内容，bionic 和 build 是编译系统，prebuilt 是预编译的内核，其他大部分是系统运行库的源代码。

(2) 扩展工程(External Project)。

扩展工程是由其他开源项目扩展而来的功能，位于 external 文件夹中。Android 的扩展工程都在 external 文件中，这是一些经过修改后适应 Android 操作系统的开源工程，这些工程中的内容有些在主机上运行，有些在目标机上运行。

(3) 包(Package)。

包可提供 Android 应用程序和服务，位于 packages 文件夹中。Android 中的应用程序包都在 packages 中，是 Android 系统应用层的内容，这些程序包主要有应用程序(AP)和内容提供器(CP)两个部分。

应用程序在 packages/apps 目录下，主要内容包括：AlarmClock、Browser、Calculator、Calendar、Camera、E-mail、IM、Launcher、Phone。内容提供器在 packages/providers 目录下，主要内容包括：CalendarProvider、ContactsProvider、DownloadProvider、DrmProvider、GoogleContacts Provider、FeedsProvider、ImProvider、MediaProvider、SettingsProvider、TelephonyProvider。其中程序 Launcher 是 Android 的主屏幕，也就是启动后第一个显示的界面，和其他应用程序一样，它也是 Android 系统中的一个应用程序包(.apk)。

应当注意：build 下的 core 中的 Makefile 是整个 Android 编译所需要的真正的 Makefile，它被顶层目录的 Makefile 引用。在 external 中，每个目录表示 Android 目标系统中的一个模块，可能由一个或者若干个库构成，其中：opencore 为 PV(PacketVideo)，它是 Android 多媒体框架的核心；webkit 是 Android 网络浏览器的核心；sqlite 是 Android 数据库系统的核心；openssl 是 Secure Socket Layer，即网络协议层，用于为数据通信提供安全支持。

packages 文件夹中包含两个目录，其中 apps 中是 Android 中的各种应用程序，providers 是一些内容提供者(Android 中的一个数据源)。Android 编译完成后，将在根目录中生成一个 out 文件夹，所有生成的内容均放置在这个文件夹中。

1.4　Android 学习资源

由于 Android 技术的快速发展，本书无法涵盖所有内容，所以除了参考本书和 Android SDK 文档外，还可以参考以下资源：

(1) Android eoe 开发者门户：http://www.eoeandroid.com。

(2) Android Google GroupsAndroid 官方援助社区：http://groups.google.com/group/android-developers。

(3) Android 教程和编程论坛：http://anddev.org。

(4) Android 官方网站：http://www.android.com/。

(5) Open Handset Alliance：http://www.openhandsetalliance.com/。

(6) Google Android 开发者博客：http://android-developers.blogspot.com/。

(7) Android 开发者大赛网站：http://code.google.com/android/adc.html。

(8) Android 开发者网站：http://developer.android.com/。

(9) 关于 Android 的 Open Mob wiki：http://wiki.andmob.org/。

(10) 对于想改进或探究 Android 操作系统内部细节或想了解内置 Android 组件工作方式的读者，可以在网站 http://source.android.com 上找到源代码和相关资源。

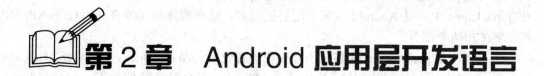

第2章 Android 应用层开发语言

由于 Android 应用程序采用 Java 语言编写，所以本章将介绍 Java 语言的基础概念，这样可使那些没有接触过 Java 语言的读者快速入门，顺利掌握如何开发 Android 应用程序。如果想要深入了解 Java 语言各方面的应用，则可以访问 Oracle 的官方网站 http://www.oracle.com/ 查找相关内容。

2.1 Java 语言的基本语法

学习过 C++ 语言的读者，会感觉 Java 语言很熟悉，因为 Java 中许多基本语句、语法和 C++ 语言一样，例如：常用的循环语句、控制语句等和 C++ 语言几乎一样，但读者不要误解 Java 语言是 C++ 语言的增强版，Java 语言和 C++ 语言是两种完全不同的语言。

下面先来了解一下 Java 语言的基本语法。

Java 语言规定标识符由字母、下划线、美元符号和数字组成，并且第一个字符不能是数字。在 Java 中，标识符中的字母是区分大小写的，例如：Beijing 和 beijing 在 Java 中是不同的标识符。

Java 语言的关键字的含义和其他语言一样，是语言中已经被赋予特定意义的一些单词，它们在程序中有着特定的用途，不可以把关键字作为标识符来用，如 int 等。详细的关键字及其用法可查询 Java 开发文档。

2.1.1 基本数据类型

Java 语言中的基本数据类型(也称做简单数据类型)有 8 种，分别是 boolean、byte、short、int、long、float、double、char。这 8 种数据类型习惯上可分为逻辑类型(boolean)、字符类型(char)、整数类型(byte、short、int、long)和浮点类型(float、double)四大类型。

1. 逻辑类型

(1) 常量：true、false。

(2) 变量：用关键字 boolean 来定义逻辑变量，定义时也可以赋给初值。

    boolean x;

    boolean ok=true;

2. 整数类型

(1) 常量：123，6000(十进制)，077(八进制)，0x3ABC(十六进制)。

(2) 整型变量：整型变量分为以下 4 种。

① int 型：使用关键字 int 来定义 int 型整型变量，定义时也可以赋给初值。对于 int 型变量，内存分配给它 4 个字节(Byte)。int 型变量的取值范围是 $-2^{31} \sim 2^{31}-1$。

```
int x;

int everage=9898;
```

② byte 型：使用关键字 byte 来定义 byte 型整型变量。对于 byte 型变量，内存分配给它 1 个字节，占 8 位(bit)。byte 型变量的取值范围是 $-2^7 \sim 2^7-1$。

③ short 型：使用关键字 short 来定义 short 型整型变量。对于 short 型变量，内存分配给它 2 个字节。short 型变量的取值范围是 $-2^{15} \sim 2^{15}-1$。

④ long 型：使用关键字 long 来定义 long 型整型变量，对于 long 型变量，内存分配给它 8 个字节。long 型变量的取值范围是 $-2^{63} \sim 2^{63}-1$。

3. 字符类型

(1) 常量：Unicode 表中的字符就是一个字符常量，如"A"、"?"、"9"、"好"、"き"等。Java 语言还使用转义字符常量，例如：\n 表示换行；\b 表示退格；\t 表示水平制表。

(2) 变量：字符变量使用关键字 char 来定义，例如：

```
char x= 'A';
```

对于 char 型变量，内存分配给它 2 个字节，占 16 位，最高位不是符号位，没有负数的 char。char 型变量的取值范围是 0～65 536。要观察一个字符在 Unicode 表中的顺序位置，必须使用 int 型变量显式转换，不可使用 short 型变量转换，因为 char 型变量的最高位不是符号位。同样，要得到一个 0～65 536 之间的数所代表的 Unicode 表中相应位置上的字符，也必须使用 char 型变量进行显式转换。

4. 浮点类型

浮点类型的变量分为 float 型和 double 型两种。

(1) float 型：float 型变量使用关键字 float 来定义。对于 float 型变量，内存分配给它 4 个字节，其取值范围是 $10^{38} \sim 10^{-38}$ 和$(-10)^{38} \sim (-10)^{-38}$。例如：453.5439f，21379.987F，2e40f(2×10^{40}，科学计数法)。

(2) double 型：double 型变量使用关键字 double 来定义。对于 double 型变量，内存分配给它 8 个字节，其取值范围是 $10^{-308} \sim 10^{308}$ 和$(-10)^{308} \sim (-10)^{-308}$。例如：21389.5439d(d 可以省略)，23189908.987，123.0，6e-140。

基本数据类型之间可以进行转换，即把一种基本数据类型的变量转变成另一种基本数据类型的变量。数据转换涉及逻辑类型和字符类型。整数类型和浮点类型按精度从低到高排列如下：

```
byte  short  int  long  float  double
```

当把低级别变量的值赋给高级别变量时，系统会自动完成数据类型的转换，例如：int 型转换成 long 型。当把高级别变量的值赋给低级别变量时，必须使用显式转换运算。显示转换的格式如下：

```
(类型名)要转换的值
```

2.1.2 复合数据类型

数组是由相同类型的数据按顺序组成的一种复合数据类型。通过数组名加数组下标来使用数组中的数据，下标从 0 开始。

1. 声明数组

声明数组包括数组的名字、数组包含元素的数据类型。

声明一维数组时可采用下列两种格式：

    数组元素类型　数组名[];

    数组元素类型[]　数组名;

声明二维数组时可采用以下两种格式：

    数组元素类型　　数组名[][];

    数组元素类型[][]　数组名;

2. 创建数组

声明数组仅仅是给出了数组名和元素的数据类型，要想使用数组还必须为它分配内存空间，即创建数组。在为数组分配内存空间时必须指明数组的长度。格式如下：

    数组名字 = new　数组元素的类型[数组元素的个数];

例如：

    boy = new float[4];

2.2　Java 语言的表达式与语句

Java 表达式是指将运算符及操作元连接起来并符合 Java 语言规则的式子。一个 Java 表达式必须能求值，即按照运算符的计算法则计算出表达式的值。例如：

如果：int x=1, y=−2, n=10;

那么：表达式 x+y+(−−n)*(x>y&&x>0?(x+1):y)的结果是 int 型数据，值为 17。

Java 语句可分为以下几类：

(1) 方法调用语句：　在介绍类、对象等概念的语句中，对象可以调用类中的方法产生行为。

(2) 表达式语句：在下一个表达式的最后加上一个分号就构成了一个语句，称为表达式语句。分号是语句中不可缺少的部分。例如：赋值语句

    x=23;

(3) 复合语句：可以用"{"和"}"把一些语句括起来构成复合语句。一个复合语句也称做一个代码块。例如：

    {

        z=23+x;

        System.out.println("hello");

    }

(4) 控制语句：包括条件分支语句、循环语句和跳转语句。

(5) package 语句和 import 语句：与类、对象有关。

(6) 分支语句：分为 if-else 语句和 if-else if-else 语句。

① if-else 语句：由一个"if"、"else"和两个复合语句按一定格式构成，格式如下：

```
        if(表达式) {
            若干语句
        }else {
            若干语句
        }
```

　　if-else 语句的作用是根据不同的条件产生不同的操作，执行规则如下：if 后面( )内的表达式的值必须是 boolean 型的。如果表达式的值为 true，则执行紧跟着的复合语句；如果表达式的值为 false，则执行 else 后面的复合语句。

　　② if-else if-else 语句：程序有时需要根据多个条件来选择某一操作，这时就可以使用 if-else if-else 语句。if-else if-else 语句由一个"if"、若干个"else if"、一个"else"与若干个复合语句按一定规则构成。语句的格式如下：

```
        if(表达式 1) {
            若干语句
        }else if(表达式 2){
            若干语句
                ⋮
        }else if(表达式 n){
            若干语句
        } else {
            若干语句
        }
```

　　(7) switch 语句：多分支开关语句，它的一般格式如下：

```
        switch(表达式){
            case   常量值 1：
                若干语句
                break；
            case   常量值 2：
                若干语句
                break；
                    ⋮
            case   常量值 n：
                若干语句
                break；
            default：
                若干语句
        }
```

　　switch 语句中表达式的值必须是整型或字符型；常量值 1 到常量值 n 也必须是整型或字符型。switch 语句首先计算表达式的值，如果表达式的值和某个 case 后面的常量值相同，就执行该 case 里的若干个语句，直到遇到 break 语句为止。若没有任何常量值与表达式的值相同，则执行 default 后面的若干个语句。其中 default 是可有可无的，如果它不存在，并且所有的常量值都和表达式的值不相同，那么 switch 语句就不会进行任何处理。需要注意的是，在同一个 switch 语句中，case 后的常量值必须互不相同。

(8) 循环语句：包括 while 语句、do-while 语句和 for 语句。

① while 语句：while 语句的一般格式如下：

```
while(表达式) {
        若干语句
    }
```

while 语句中，表达式也称为循环条件，其求值为 boolean 型数据，复合语句也称为循环体，当循环体只有一条语句时，大括号"{}"可以省略，但最好不要省略，这样可以增加程序的可读性。while 语句的执行规则如下：

(Ⅰ) 计算表达式的值，如果该值是 true，就执行(Ⅱ)，否则执行(Ⅲ)。

(Ⅱ) 执行循环体，再进行(Ⅰ)。

(Ⅲ) 结束 while 语句的执行。

while 语句执行的流程如图 2.1 所示。

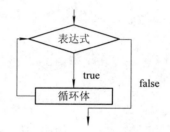

图 2.1　while 语句执行流程图

② do-while 语句：一般格式为

```
do{
        若干语句
    }while(表达式);
```

do-while 语句和 while 语句的区别是 do-while 语句中的循环体至少被执行一次，如图 2.2 所示。

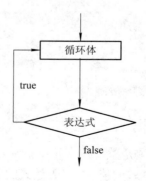

图 2.2　do-while 语句执行流程图

③ for 语句：一般格式为

```
for(表达式1；表达式2；表达式3){
    若干语句
}
```

for 语句中的"表达式2"必须是一个值为 boolean 型数据的表达式。

for 语句的执行规则如下：

（Ⅰ）计算"表达式1"，完成必要的初始化工作。

（Ⅱ）判断"表达式2"的值，若"表达式2"的值为 true，则执行(Ⅲ)，否则执行(Ⅳ)。

(Ⅲ）执行循环体，然后计算"表达式3"，以便改变循环条件，执行(Ⅱ)。

(Ⅳ）结束 for 语句的执行。

(9) 跳转语句：由关键字 break 或 continue 加上分号构成的语句。例如：

```
break;
```

一般在循环语句的循环体中使用跳转语句。在一个循环中，如果在某次循环体中执行了 break 语句，那么整个循环语句结束；如果在某次循环体中执行了 continue 语句，那么本次循环结束，即不再执行本次循环中循环体中 continue 语句后面的语句，而转入下一次循环。

2.3 Java 语言的类与对象

2.3.1 面向对象编程

Java 语言是一种面向对象的语言，面向对象的核心思想是封装、继承和多态。

封装有两层含义：一层含义是把对象的属性和行为看成一个密不可分的整体，将这两者"封装"在一个不可分割的独立单位(即对象)中；另一层含义是"信息隐蔽"，即把不需要让外界知道的信息隐藏起来，有些对象的属性及行为允许外界用户知道或使用，但不允许更改，而另一些属性或行为则不允许外界知晓，即只允许使用对象的功能，而尽可能隐蔽对象的功能实现细节。

所谓继承，就是子类可以继承父类的属性(数据)和功能(操作)。继承是面向对象方法中的重要概念，并且是提高软件开发效率的重要手段。

多态是指程序中允许出现重名现象。Java 语言中具有操作名称的多态以及和继承有关的多态。

2.3.2 Java 中的类

Java 程序设计的基本单元是类(class)，Java 程序的源文件由若干个形式相互独立的类构成。类的两个基本成员是成员变量和成员方法。成员变量刻画对象的属性，而成员方法体现对象的功能。类是用来定义对象的模板。当使用一个类创建了一个对象时，也可以说创建了该类的一个实例。

1. 类的声明和类体

在语法上，类由两部分构成：类的声明和类体。其基本格式如下：

```
class 类名 {
        类体
    }
```

其中，"class"是关键字，用来定义类。"class 类名"是类的声明部分，类名必须是合法的Java 语言标识符。两个大括号"{"、"}"以及之间的内容称为类体。下面是一个类声明的例子：

```
class   Dog   {
        ...
    }
```

类的名字不能是 Java 语言中的关键字，要符合标识符规定，即名字可以由字母、下划线、数字或美元符号组成，并且第一个字符不能是数字。但给类命名时，最好遵守下列惯例：

① 如果类名使用字母，那么名字的首字母用大写字母，例如：Hello。

② 类名最好容易识别、见名知意。

③ 当类名由几个单词复合而成时，每个单词的首字母要大写，例如：BeijingTime、AmericanGame、HelloChina 等。

2. 类体的构成

类体中可以有以下两种类型的成员：

① 成员变量：通过变量声明定义的变量称为成员变量或域，用来刻画类创建的对象的属性。

② 方法：方法是类体的重要成员之一。其中的构造方法是具有特殊地位的方法，供类创建对象时使用，用来给出类所创建的对象的初始状态；另一类方法可以由类所创建的对象调用，对象调用这些方法来操作成员变量从而形成一定的算法，以体现出对象具有的功能。

3. 构造方法和对象的创建

类中有一部分方法称为构造方法。类在创建对象时需使用构造方法为所创建的对象设置一个合理的初始状态。构造方法是一种特殊的方法，它的名字必须与它所在的类的名字完全相同，并且不返回任何数据类型，即它是 void 型，但 void 必须省略不写。

Java 语言允许一个类中有若干个构造方法，但这些构造方法的参数必须不同，或者是参数的个数不同，或者是参数的类型不同。

4. 成员变量

用关键字 static 修饰的成员变量称为静态变量或类变量，而没有使用 static 修饰的成员变量称为实例变量。例如：下述 A 类中，x 是实例变量，而 y 是类变量。

```
class A {
        float x;            //实例变量
        static int y;       //类变量
    }
```

类变量是与类相关联的数据变量，也就是说，类变量是和该类所创建的所有对象相关联的变量，如果改变其中一个对象的某个类变量，就同时改变了其他对象的这个类变量。因此，不仅可以通过某个对象访问类变量，也可以直接通过类名访问类变量。实例变量仅仅是和相应的对象关联的变量，也就是说，不同对象的实例变量互不相同，即分配不同的内存空间，改变其中一个对象的某个实例变量也不会影响其他对象的这个实例变量。实例变量必须通过对象来访问。

5. 常量

如果一个成员变量修饰为 final，就称其为常量。常量的名字习惯用大写字母，例如：

    final int MAX;

声明常量时必须先进行初始化。对于 final 修饰的成员变量，对象可以使用它，但不能对它做更改操作。

2.3.3 方法

已经知道，类体内容可以有两种类型的成员：成员变量和方法。当对象调用方法时，方法中出现的成员变量就是指分配给该对象的成员变量。对象不可以调用构造方法，构造方法是专门用来创建对象的。

方法的定义包括两部分：方法声明和方法体。方法的一般格式如下：

    方法声明部分
    {
        方法体的内容
    }

1. 方法声明和方法体

最基本的方法声明包括方法名和方法的返回类型，返回类型也简称为方法的类型。例如：

    float area()
    { …
    }

方法的名字必须符合标识符规定。在给方法命名时应遵守以下规则：名字如果采用字母，则首写字母小写；如果方法名由多个单词组成，则从第 2 个单词开始的其他单词的首写字母大写。例如：

    float getTrangleArea();
    void setCircleRadius(double radius);

方法声明之后的一对大括号"{"、"}"以及之间的内容称为方法的方法体。类中的方法必须要有方法体，如果方法的类型是 void 类型，那么方法体中也可以不书写任何语句。

2. 方法体的构成

方法体的内容包括变量的定义和合法的 Java 语句。在方法体中声明的变量以及方法的参数称为局部变量，局部变量仅仅在该方法内有效。方法的参数在整个方法内有效，方法内定义的局部变量从它定义的位置之后开始有效。编写一个方法和用 C 语言编写一个函数完全类似，只不过在这里称为方法。局部变量的名字必须符合标识符规定，并遵守以下规则：变量名如果使用拉丁字母，则首写字母为小写；如果变量名由多个单词组成，则从第2个单词开始的其他单词的首写字母大写。

3. 实例方法与类方法

除构造方法外，其他的方法可分为实例方法或类方法。一个类中的方法可以互相调用：实例方法可以调用该类中的实例方法或类方法；类方法只能调用该类的类方法，不能调用实例方法；实例方法可以操作成员变量，无论是实例变量还是类变量；而类方法只能操作类变量，不能操作实例变量，也就是说类方法中不能有操作实例变量的语句。二者的区别如下：实例方法必须通过对象来调用；类方法可以通过类名来调用。

无论类方法还是实例方法，只有在被调用执行时，该方法中的局部变量才被分配内存空间，方法调用完毕后局部变量即刻释放所占的内存。

4. 参数传值

当方法被调用时，如果方法中有参数，则参数必须进行实例化，即参数变量必须有具体的值。在 Java 语言中，方法的所有参数变量的值是调用者指定的值的拷贝。如果向方法的 int 型参数 x 传递一个 int 值，那么参数 x 得到的值是传递值的拷贝，即使方法改变参数的值，也不会影响向参数"传值"的变量的值。

5. 方法重载

方法重载是指一个类中可以包含多个具有相同名字的方法，但这些方法的参数必须不同，或者是参数的个数不同，或者是参数的类型不同。方法的返回类型和参数的名字不参与比较，也就是说，如果两个方法的名字相同，即使类型不同，也必须保证参数不同。

2.3.4 包(package)

关键字句(package)可用来声明包语句。package 语句作为 Java 源文件的第一条语句，指明了该源文件定义的类所在的包。package 语句的一般格式如下：

    package 包名;

如果源程序中省略了 package 语句，则源文件中所定义和命名的类被默认为是无名包的一部分，即源文件中定义和命名的类在同一个包中，但该包没有名字。

包名可以是一个合法的标识符，也可以是若干个标识符加"."分割而成的，例如：package sunrise、package sun.com.cn。

在编写源文件时，除了自己编写类外，经常需要使用很多 Java 语言提供的类，这些类可能在不同的包中。在学习 Java 语言时，尽量使用已经存在的类，这是面向对象编程的一个重要方法。

若要使用已经存在的类，就要用到 import 语句，有两种使用方式。

1. 使用类库中的类

(1) 为了能使用 Java 语言中的类，可以使用 import 语句来引入。

(2) 在一个 Java 源程序中可以有多个 import 语句，它们必须写在 package 语句(假如有 package 语句的话)和源文件中类的定义之间。

2．使用自定义包中的类

通常可以使用 import 语句引入自定义包中的类，例如：

```
import tom.jiafei.*;
```

2.3.5 Java 的访问权限

类创建的对象通过运算符 "." 可以访问分配给自己的变量，也可以调用类中的实例方法和类方法。类在定义声明成员变量和方法时，可以用关键字 private、protected 和 public 来说明成员变量和方法的访问权限，使得对象在访问自己的变量和使用方法时受到一定的限制。

1．私有变量和私有方法

用关键字 private 修饰的成员变量和方法称为私有变量和私有方法。对于私有成员变量或方法，只有在本类中创建该类的对象，这个对象才能访问自己的私有成员变量和类中的私有方法。用某个类在另外的一个类中创建对象后，如果不希望该对象直接访问自己的变量(即通过 "." 运算符来操作自己的成员变量)，就将该变量的访问权限设置为 private。面向对象编程建议，应调用方法来改变对象的属性。

2．共有变量和共有方法

用 public 修饰的成员变量和方法称为共有变量和共有方法，例如：

```
class A {
        public float weight;              //weight 被修饰为 public 的 float 型变量
        public float f(float a,float b) {  //方法 f 是 public 方法
          }
}
```

当在任何一个类中用类 A 创建了一个对象后，该对象能访问自己的 public 变量和类中的 public 方法。例如：

```
class B {
        void g ( ) {
        A a = new A ( );
         a.weight = 23f;            //合法
         a.f (3,4);                //合法
          }
       }
```

3．友好变量和友好方法

不使用 private、public、protected 修饰符的成员变量和方法称为友好变量和友好方法，例如：

```
class A {
        float weight;              //weight 是友好变量
        float f (float a,float b) {  //f 是友好方法
          }
       }
```

假如 B 与 A 是同一个包中的类，那么，下述 B 类中的 a.weight、a.f (3,4)都是合法的。

```
class B {
    void g ( ) {
        A cat = new A ( );
        a.weight = 23f;          //合法
        a.f (3,4);               //合法
    }
}
```

处在同一包中的类的对象可以访问该包中其他类的对象的友好变量与友好方法。

4．受保护的成员变量和方法

使用 protected 修饰的成员变量和方法称为受保护的成员变量和受保护的方法，例如：

```
class A {
protected float weight;                  //weight 被修饰为 protected 变量。
    protected float f (float a,float b) {    //f 是 protected 方法
        ⋮
    }
}
```

假如 B 与 A 是同一个包中的类，那么，B 类中的 a.weight、a.f (3,4)都是合法的，例如：

```
class B {
    void g ( ) {
        Tom a = new Tom ( );
        a.weight=23f;     //合法
        a.f (3,4);        //合法
    }
}
```

5．public 类与友好类

声明类时，如果在关键字 class 前加上 public 关键字，就称这个类是一个 public 类，但不能用 protected 和 private 修饰类，例如：

```
    public class A {…}
```

可以在任何另外一个类中，使用 public 类创建对象。如果一个类不用 public 修饰，那么这个类被称为友好类。另外一个类使用友好类创建对象时，要保证它们在同一个包中，例如：

```
    class A {
        ⋮
    }
```

2.3.6 继承、内部类和接口

1. 继承与多态

继承是一种由已有的类创建新类的机制。利用继承，可以先创建一个具有公共属性的

一般类，根据该一般类再创建具有特殊属性的新类，新类继承一般类的状态和行为，并根据需要增加新的状态和行为。由继承而得到的类称为子类，被继承的类称为父类(超类)。父类可以是自己编写的类，也可以是 Java 类库中的类。利用继承有利于实现代码的重复使用，子类只需要添加新的功能代码即可。Java 语言不支持多重继承，即子类只能有一个父类。关键字 extends 用来声明一个类是另外一个类的子类，格式如下：

        class 子类名 extends   父类名
                {
                    ⋮
                }

当使用子类的构造方法创建一个子类的对象时，子类的构造方法总是先调用父类的某个构造方法，如果子类的构造方法没有指明使用父类中的哪个构造方法，子类就调用父类中不带参数的构造方法。因此，可以这样来理解子类创建的对象：

(1) 将子类中声明的成员变量作为子类对象的成员变量，就是说子类未继承的父类成员变量不作为子类对象的成员变量使用。

(2) 为父类的成员变量均分配了内存空间，但只将其中一部分(继承的那部分)作为子类对象的成员变量。尽管给父类的私有成员变量分配了内存空间，但它不作为子类的成员变量，即父类的私有成员变量不归子类管理。方法的继承性与成员变量相同。另外，若子类和父类不在同一包中，尽管给父类的友好成员分配了内存空间，但它也不作为子类的成员。子类对象内存示意图如图 2.3 所示。

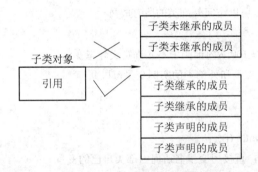

图 2.3　子类对象内存示意图

和继承有关的多态性是指父类的某个方法被其子类重写时，可以产生自己的功能行为，即同一个操作被不同类型对象调用时可能产生不同的行为。例如，狗和猫都具有哺乳类的功能："叫"，当狗"叫"时产生的声音是"汪汪"，而猫"叫"时产生的声音是"喵喵"，这就是"叫"的多态。

当一个类有很多子类时，并且这些子类都重写了父类中的某个方法，若把子类创建的对象的引用放到一个父类的对象中，就会得到该对象的一个上转型对象，那么这个上转型对象在调用这个方法时就可能具有多种形态。

2. 内部类

内部类是指在一个外部类的内部再定义一个类。内部类作为外部类的一个成员，依附于外部类而存在。内部类为静态时，可用 protected 和 private 修饰(而外部类只能使用 public

和缺省的包访问权限)。内部类主要有以下几类：成员内部类、局部内部类、静态内部类、匿名内部类。

典型的情况是，内部类继承自某个类或实现某个接口，内部类的代码操作创建其外围类的对象。所以可以认为内部类提供了某种进入其外围类的窗口。使用内部类最吸引人的原因是：每个内部类都能独立地继承一个(接口的)实现，所以无论外围类是否已经继承了某个(接口的)实现，对于内部类都没有影响。如果没有内部类提供的可以继承多个具体的或抽象的类的能力，一些设计与编程问题就很难解决。从这个角度看，内部类使得多重继承的解决方案变得完整。接口解决了部分问题，而内部类有效地实现了"多重继承"。

(1) 成员内部类。成员内部类作为外部类的一个成员存在，与外部类的属性、方法并列，例如：

```
Public class Outer {
    Private static int i = 1;
    Private int j = 10;
    private int k = 20;
    public static void outer_f1 ( ) {
    }
    publicvoidouter_f2 ( ) {
    }
// 成员内部类中，不能定义静态成员
// 成员内部类中，可以访问外部类的所有成员
    class Inner {
// static int inner_i = 100; //内部类中不允许定义静态变量
    int j = 100; // 内部类和外部类的实例变量可以共存
    int inner_i = 1;
    void inner_f1 ( ) {
      System.out.println (i);
      //在内部类中，直接用变量名访问内部类自己的变量
      System.out.println (j);
       //在内部类中，也可以用 this.变量名访问内部类自己的变量
      System.out.println (this.j);
      /*在内部类中，用外部类名.this.变量名访问外部类中与内部类同名的实例变量*/
      System.out.println (Outer.this.j);
      /*如果内部类中没有与外部类同名的变量，则可以直接用变量名访问外部类变量*/
      System.out.println (k);
      outer_f1 ( );
      outer_f2 ( );
    }
    }
//外部类的非静态方法访问成员内部类
```

```
publicvoidouter_f3 ( ) {
    Inner inner = new Inner ( );
    inner.inner_f1 ( );
}
// 外部类的静态方法访问成员内部类，与在外部类外部访问成员内部类一样
publicstaticvoidouter_f4 ( ) {
    //step1：建立外部类对象
    Outer out = new Outer ( );
    //step2：根据外部类对象建立内部类对象
    Inner inner = out.new Inner ( );
    //step3：访问内部类的方法
    inner.inner_f1 ( );
}
publicstaticvoid main (String[] args) {
//outer_f4 ( ); //该语句的输出结果和下面三条语句的输出结果一样
/*如果要直接创建内部类的对象，不能想当然地认为只需加上外围类 Outer 的名字，就可以按
照通常的样子生成内部类的对象，而是必须使用此外围类的一个对象来创建其内部类的一个对象*/
//Outer.Inner outin = out.new Inner ( )
/*因此，除非你已经有了外围类的一个对象，否则不可能生成内部类的对象。因为此内部类的
对象会悄悄地链接到创建它的外围类的对象。如果使用的是静态的内部类，那就不需要对其外围类
对象的引用*/
        Outer out = new Outer ( );
        Outer.Inner outin = out.new Inner ( );
        outin.inner_f1 ( );
    }
}
```

注意：内部类是一个编译概念，一旦编译成功，就会成为完全不同的两类。对于一个名为 outer 的外部类和其内部定义的名为 inner 的内部类，编译完成后将出现 outer.class 和 outer$inner.class 两类。

(2) 局部内部类。在方法中定义的内部类称为局部内部类。与局部变量类似，局部内部类不能有访问说明符，因为它不是外部类的一部分，但是它可以访问当前代码块内的常量，以及此外部类所有的成员，例如：

```
public class Outer {
    private    ints = 100;
    private    intout_i = 1;
    public void f (final int k) {
        finalint s = 200;
        int i = 1;
        finalint j = 10;
```

```
        //定义在方法内部
        class Inner {
            ints = 300;              //可以定义与外部类同名的变量
            // static int m = 20;    //不可以定义静态变量
            Inner (int k) {
                inner_f (k);
        }
        intinner_i = 100;
        voidinner_f (int k) {
/*如果内部类没有与外部类同名的变量，则在内部类中可以直接访问外部类的实例变量*/
            System.out.println(out_i);
/*可以访问外部类的局部变量(即方法内的变量)，但是变量必须是 final 的 System.out.println (j);*/
            //System.out.println (i);
//如果内部类中有与外部类同名的变量，则直接用变量名访问的是内部类的变量
            System.out.println (s);
//用 this.变量名访问的也是内部类变量
            System.out.println (this.s);
            //用外部类名.this.内部类变量名访问的是外部类变量
            System.out.println (Outer.this.s);
        }
    }
    new Inner (k);
    }
    public static void main (String[] args) {
//访问局部内部类必须先有外部类对象
        Outer out = new Outer ( );
        out.f (3);
    }
    }
```

(3) 静态内部类(嵌套类)。如果内部类对象与其外部类对象无联系，则可以将该内部类声明为 static，通常称为嵌套类(Nested Class)。想要理解 static 应用于内部类时的含义，必须牢记普通的内部类对象隐含地保存了一个引用，指向创建它的外围类对象。然而，当内部类是 static 的时，就不是这样。嵌套类的意义如下：

① 创建嵌套类的对象时并不需要其外部类的对象。

② 不能从嵌套类的对象中访问非静态的外部类对象。

上述两种内部类与变量类似，所以可以参照参考变量使用。静态内部类的例子如下：

```
    public class Outer {
        privatestaticinti = 1;
        privateintj = 10;
```

```
public static void outer_f1 ( ) {
    }
Public void outer_f2 ( ) {
    }
```
//静态内部类可以用 public、protected 及 private 修饰
//静态内部类中可以定义静态或非静态的成员
```
static class Inner {
    static int inner_i = 100;
    intinner_j = 200;
    staticvoidinner_f1 ( ) {
```
//静态内部类只能访问外部类的静态成员(包括静态变量和静态方法)
```
System.out.println("Outer.i" + i);
outer_f1 ( );
    }
    void inner_f2 ( ) {
```
// 静态内部类不能访问外部类的非静态成员(包括非静态变量和非静态方法)
```
 // System.out.println ("Outer.i"+j);
 // outer_f2 ( );
        }
    }
    public void outer_f3 ( ){
```
//外部类访问内部类的静态成员：内部类.静态成员 System.out.println (Inner.inner_i);
```
    Inner.inner_f1 ( );
```
// 外部类访问内部类的非静态成员:实例化内部类即可
```
    Inner inner = new Inner ( );
    inner.inner_f2 ( );
    }
public static void main(String[] args) {
    newOuter ( ).outer_f3 ( );
    }
}
```

生成一个静态内部类时不需要外部类成员，这是静态内部类和成员内部类的区别。静态内部类的对象可以直接生成(Outer.Inner in = new Outer.Inner ( );)，而不需要通过外部类对象来生成。这样实际上使静态内部类成为了一个顶级类(正常情况下，不能在接口内部放置任何代码，但嵌套类可以作为接口的一部分。因为它是 static 的，只需将嵌套类置于接口的命名空间内即可，这并不违反接口的规则)。

(4) 匿名内部类。简单地说，匿名内部类就是没有名字的内部类。满足下列条件时，使用匿名内部类是比较合适的：

① 只用到类的一个实例。

② 类在定义后马上用到。

③ 类非常小(SUN 推荐在 4 行代码以下)。

④ 给类命名并不会使代码更容易被理解。

在使用匿名内部类时，应遵循以下几个原则：

① 匿名内部类不能有构造方法。

② 匿名内部类不能定义任何静态成员、方法和类。

③ 匿名内部类不能是 public、protected、private 及 static 的。

④ 只能创建匿名内部类的一个实例。

一个匿名内部类一定是在 new 的后面，用其隐含实现一个接口或一个类。因为匿名内部类属于局部内部类，所以局部内部类的所有限制都对其有效。

下面举一个匿名内部类的例子：

```
//在方法中返回一个匿名内部类
public class Parcel6 {
    public Contents cont ( ) {
        return new Contents ( ){
            private int i = 11;
            public int value ( ){
                return i;
            }
        };              //这里需要一个分号
    }
    public static void main (String[] args) {
        Parcel6 p = new Parcel6 ( );
        Contents c = p.cont ( );
    }
}
```

cont ( )方法将下面两个动作合并在一起：返回值的生成，表示这个返回值的类的定义。进一步说，这个类是匿名的，它没有名字，是正要创建的一个 Contents 对象：

```
return new Contents ( );
```

但是，在语句结束的分号之前，如果插入一个类的定义：

```
return new Contents ( ) {
    private int i = 11;
    public int value ( ) {
        return i;
    }
};
```

则这种语法的意义是创建一个继承自 Contents 的匿名类的对象。通过 new 表达式返回的引用被自动向上转型为对 Contents 的引用。匿名内部类的语法是下面例子的简略形式：

```
class MyContents implements Contents {
```

```java
        private int i = 11;
         public int value ( ) {
                return i;
            }
        }
        return new MyContents ( );
```

在这个匿名内部类中，使用了缺省的构造器来生成 Contents。下面的代码展示了如何为基类生成一个有参数的构造器：

```java
public class Parcel7 {
    public Wrapping wrap (int x) {          //基本构造调用函数
    return new Wrapping (x) {               //传递构造参数
        public int value ( ) {
                return super.value ( )*47;
            }
        };
    }
    public static void main (String[] args) {
        Parcel7 p = new Parcel7 ( );
        Wrapping w = p.wrap (10);
    }
}
```

可以看出，只需简单地传递合适的参数给基类的构造器即可，这里是将 x 传递给 new Wrapping (x)。匿名内部类末尾的分号，并不是用来标记此内部类结束(C++ 中是这种情况)。实际上，它标记的是表达式的结束，只不过这个表达式正巧包含了内部类罢了。因此，这里与别处使用的分号是一致的。

如果在匿名类中定义成员变量，则同样能够对其执行初始化操作。例如：

```java
public class Parcel8 {
    //Argument must be final to use inside
    //anonymous inner class
    public Destination dest (final String dest) {
        return new Destination ( ) {
            private String label = dest;
            public String readLabel ( ) {
                return label;
            }
        }
    }
    public static void main (String[] args) {
        Parcel8 p = new Parcel8 ( );
```

```
        Destination d = p.dest ("Tanzania");
    }
}
```

如果一个匿名内部类要使用一个在其外部定义的对象，则编译器会要求其参数引用是final 型的，就像 dest ( )中的参数，否则，会得到一个编译器错误信息。如果只是简单地给一个成员变量赋值，那么采用此例中的方法就可以了。但是，如果想做一些类似构造器的行为，通过实例初始化，就能够实现为匿名内部类"制作"一个构造器的效果。例如：

```
abstract class Base {
    public Base (int i) {
        System.out.println ("Base constructor, i = " + i);
    }
    public abstract void f ( );
}
public class AnonymousConstructor {
    public static Base getBase (int i) {
        return new Base (i) {
        {
        System.out.println ("Inside instance initializer");
        }
            public void f ( ) {
            System.out.println ("In anonymous f ( )");
            }
        }
    }
    public static void main (String[] args) {
        Base base = getBase (47);
        base.f ( );
    }
}
```

在此例中，不要求变量 i 一定是 final 的。因为 i 被传递给匿名类的基类的构造器，它并不会在匿名类内部被直接使用。下例是带实例初始化的"parcel"形式。注意 dest ( )的参数必须是 final 的，因为它们是在匿名类内被使用的。

```
public class Parcel9 {
    public Destinationdest (final String dest, final float price) {
        return new Destination ( ) {
            private int cost;
            // Instance initialization for each object
        {
        cost = Math.round (price);
```

```
        if (cost > 100)
          System.out.println ("Over budget!");
      }
      private String label = dest;
      public String readLabel ( ){
        return label;
      }
    };
  }
  public static void main (String[] args){
    Parcel9 p = new Parcel9 ( );
    Destination d = p.dest ("Tanzania", 101.395F);
  }
}
```

在实例初始化的部分，可以看到有一段代码，那原本是不能作为成员变量初始化的一部分而执行的(即 if 语句)。所以对于匿名类而言，实例初始化的实际效果就是构造器。匿名类还受到以下限制：不能重载实例初始化，所以只能有一个构造器。

一个内部类被嵌套多少层并不重要，它能透明地访问所有它所嵌入的外围类的所有成员。例如：

```
    class MNA {
      private void f ( ){ }
      class A {
        private void g ( ){ }
        public class B {
          void h ( ){
            g ( );
            f ( );
          }
        }
      }
    }
    public class MultiNestingAccess {
      public static void main (String[] args){
        MNA mna = new MNA ( );
        MNA.A mnaa = mna.new A ( );
        MNA.A.B mnaab = mnaa.new B ( );
        mnaab.h ( );
      }
    }
```

可以看到在 MNA.A.B 中，不需要任何条件(即使它们被定义为 private)就能调用方法 g( )和 f( )。这个例子同时展示了如何从不同的类里创建多层嵌套的内部类对象的基本语法。".new"语法能产生正确的作用域，所以不必在调用构造器时限定类名。

如果已创建了一个内部类，在继承其外围类并重新定义此内部类时，"重载"内部类就好像它是外围类的一个方法，其实并不起什么作用。例如：

```java
class Egg {
    private Yolk y;
    protectedclass Yolk {
        public Yolk ( ){
            System.out.println ("Egg.Yolk ( )");
        }
    }
    public Egg ( ){
        System.out.println ("New Egg ()");
        y = new Yolk ( );
    }
}
public class BigEgg extends Egg {
    publicclass Yolk {
        public Yolk ( ){
            System.out.println ("BigEgg.Yolk ( )");
        }
    }
    public static void main (String[] args){
        new BigEgg ( );
    }
}
```

输出结果如下：

```
New Egg ( )
Egg.Yolk ( )
```

缺省的构造器是编译器自动生成的，这里是调用基类的缺省构造器。读者可能认为既然创建了 BigEgg 的对象，那么所使用的应该是被"重载"过的 Yolk，但可以从输出中看到实际情况并不是这样的。

这个例子说明，当继承了某个外围类的时候，内部类并没有发生什么变化。这两个内部类是完全独立的实体，分别位于各自的空间内。当然，明确地继承某个内部类也是可以的：

```java
class Egg2 {
    protected class Yolk {
        public Yolk ( ){
            System.out.println ("Egg2.Yolk ( )");
```

```java
        }
        public void f ( ){
            System.out.println ("Egg2.Yolk.f ( )");
        }
    }
    private Yolk y = new Yolk ( );
    public Egg2 ( ){
        System.out.println ("New Egg2 ( )");
    }
    public void insertYolk (Yolk yy){
        y = yy;
    }
    public void g ( ){
        y.f ( );
    }
}
public class BigEgg2 extends Egg2 {
    public class Yolk extends Egg2.Yolk {
        public Yolk ( ){
            System.out.println ("BigEgg2.Yolk ( )");
        }
        public void f ( ){
            System.out.println ("BigEgg2.Yolk.f ( )");
        }
    }
    public BigEgg2 ( ){
        insertYolk (new Yolk ( ));
    }
    public static void main (String[] args){
        Egg2 e2 = new BigEgg2 ( );
        e2.g ( );
    }
}
```

输出结果如下：

```
Egg2.Yolk ( )
New Egg2 ( )
Egg2.Yolk ( )
BigEgg2.Yolk ( )
BigEgg2.Yolk.f ( )
```

现在 BigEgg2.Yolk 通过 extends Egg2.Yolk 明确地继承了此内部类，并且重载了其中的方法。Egg2 的 insertYolk( )方法使得 BigEgg2 将它自己的 Yolk 对象向上转型，然后传递给引用 y，所以当 g( )调用 y.f( )时，重载后的新版 f( )被执行。第二次调用 Egg2.Yolk( )是 BigEgg2.Yolk 的构造器调用了其基类的构造器。可以看到在调用 g( )时，新版的 f( )被调用。

因为内部类的构造器要用到其外围类对象的引用，所以在继承一个内部类时，该外围类对象的引用必须被初始化，而在被继承的类中并不存在要连接的缺省对象。要解决这个问题，需使用专门的语法来明确说明它们之间的关联。例如：

```
class WithInner {
    class Inner {
        Inner ( ){
            System.out.println ("this is a constructor in WithInner.Inner");
        }
    }
}
public class InheritInner extends WithInner.Inner {
// ! InheritInner ( ){} // Won't compile
    InheritInner (WithInner wi){
        wi.super ( );
        System.out.println ("this is a constructor in InheritInner");
    }
    public static void main (String[] args){
        WithInner wi = new WithInner ( );
        InheritInner ii = new InheritInner (wi);
    }
}
```

输出结果如下：

```
this is a constructor in WithInner.Inner
this is a constructor in InheritInner
```

可以看到，InheritInner 只继承内部类，而不是外部类。但是，当要生成一个构造器时，缺省的构造器并不算好，而且不能只传递一个指向外围类对象的引用。此外，必须在构造器内使用如下语法：

```
enclosingClassReference.super ( );
```

这样才提供了必要的引用，然后程序才能编译通过。

3. 接口

Java 语言支持继承，但不支持多重继承，即一个类只能有一个父类。单继承使得程序更加容易维护和健壮，多重继承使得编程更加灵活，但却增加了子类的负担，使用不当会引起混乱。综合上述问题，Java 语言设计了接口(Interface)，接口可以增加很多类都需要的功能，一个类可以实现多个接口，不同的类也可以使用相同的接口。

接口的思想在于它可以增加很多类都需要实现的功能，使用相同接口的类不一定有继承关系，就像各式各样的商品，它们可能隶属不同的公司，且都必须具有显示商标的功能(实现同一接口)，但商标的具体制作由各个公司自己去实现。

接口通常是单方法接口，例如：

```
public interface Actionlistener{
        public abstract void actionPerformed (ActionEvent event);
}
```

由此可见，只有重写接口这个唯一方法，才能在事件监听器列表里进行注册(参数为 Actionlistener 类型)。当事件源变动时，程序将自动调用这个唯一的 actionPerformed 方法。

接口可分为标识接口和常量接口两种。

(1) 标识接口。标识接口就是没有任何方法和属性的接口。标识接口不对实现它的类有任何语意上的要求，它仅仅表明了实现它的类属于一个特定的类型(传递)。不推荐过多地使用标识接口。

(2) 常量接口。Java 用语言中的接口来声明一些常量，然后由实现该接口的类使用这些常量。

接口可看做是抽象类的变体，是一个高度的抽象类。在接口中，所有方法都是以 public 形式存在的抽象方法。方法包含方法名、参数列表和返回值类型，但是不包含方法主体，即只提供形式而未提供任何实现。因此接口可以看做是类的一个高度抽象的模板，任何使用某个特定接口的程序都可以调用实现该接口的方法。

定义一个或多个类实现某个接口时，用 implements 关键字代替 extends 关键字。例如：

① 创建一个名为 vacationInterface.java 的文件，并定义 vacationInterface 接口。

```
package vacationInterface;
public interface    vacationInterface {
    public    void getVaction ( );
}
```

② 创建一个名为 TestInterface.java 的文件，并实现 vacationInterface 接口 。

```
import vacationInterface.vacationInterface;
//人事部类,实现 vacationInterface 接口
class personnel implements vacationInterface {
//部门名称属性
        private String personnelName;
//无参数构造方法
public financial ( ){
    }
//带参数构造方法
public financial (String financialName){
        this.financialName=financialName;
    }
//实现 vacationInterface 接口中的 getVaction ( )放假方法，金融部放假两天
```

```
        public void getVaction ( ){
        System.out.println (financialName+"放假两天!");
            }
        }
    //测试类
    public class TestInterface{
        public static void main (String[] s){
    //抽象父类引用
                vacationInterface V=null;
        //抽象父类引用指向人事部子类对象
                V=new personnel ("人事部");
        //输出人事部放假方法信息
                V.getVaction ( );
        //抽象父类引用指向金融部子类对象
                V=new financial ("金融部");
        //输出金融部放假方法信息
                V.getVaction ( );
            }
        }
```

输出结果如下:

```
-------------------------------------------------------------------
人事部放假三天
金融部放假两天

-------------------------------------------------------------------
```

接口只能包含 public 或默认类型的抽象方法,在声明方法时即使不加 public,编译器也默认为 public 类型。接口中没有属性,只能有 public static final 类型的字段,即使声明字段时不加 public static final,该字段也默认为 public static final 类型。

接口允许多重继承并且接口之间也可以存在多重继承关系,但是接口只能继承接口,不能继承类,继承关键字是 extends 而不是 implements。

如果一个类实现了一个接口,那么它必须实现该接口中的全部方法,否则该类必须声明为抽象类。

接口不能被实例化,但是接口的引用可以指向子类的实例。

接口作为一种特殊的抽象类,只包含常量和方法的定义,而没有变量和方法的实现。

接口具有如下特性: ① 可以多重实现; ② 可以继承其他的接口,并添加新的属性和抽象方法; ③ 多个无关的类可以实现同一个接口,一个类可以实现多个无关的接口。

与继承关系类似,接口与实现它的类之间存在多态性,例如:

```
    interface Singer{
    public void sing ( );
    public void sleep ( );
```

```java
    }
    interface Painter{
        public void paint ( );
        public void eat ( );
    }
class Student implements Singer{
    private String name ;
    Student (String name){
        this.name = name;
    }
    public String getName ( ){
        return this.name ;
    }
    public void study ( ){
        System.out.println ("studying");
    }
    public void sing ( ){
        System.out.println ("student is singing");
    }
    public void sleep ( ){
        System.out.println ("student is sleeping");
    }
}


class Teacher implements Singer,Painter{
    private String name ;
    Teacher (String name){
        this.name = name;
    }
    public String getName ( ){
        return this.name ;
    }
    public void teach ( ){
        System.out.println ("teaching") ;
    }
    public void sing ( ){
        System.out.println ("teacher is singing");
    }
    public void sleep ( ){
```

```
        System.out.println ("teacher is sleeping");
    }
    public void paint ( ){
        System.out.println ("teacher is painting");
    }
    public void eat ( ){
        System.out.println ("teacher is eating") ;
    }
}
public class TestInterface{
    public static void main (String args[]) {
        Singer s1 = new Student ("mgc") ;
        s1.sing ( ) ;
        s1.sleep ( ) ;
        Singer s2 = new Teacher ("magci") ;
        s2.sing ( ) ;
        s2.sleep ( ) ;
        Painter p1 =   (Painter) s2 ;
        p1.paint ( ) ;
        p1.eat ( ) ;
    }
}
```

Java 语言是面向对象的高级程序设计语言，相比于 C++ 语言而言，其数据结构(类)更简单易学。有趣的是，Java 语言的语法在很大程度上与 C/C++ 语言相似，每条语句都以 ";" 号结尾，其控制语句几乎完全相同，基本数据类型也大同小异，数组与 C++ 语言比较相似，关系运算符和逻辑运算符与 C 语言也相同，类的基本用法和概念与 C++ 语言相似，并且比 C++ 语言简单。这些都有助于应用程序开发者从 C++ 语言快速转向 Java 语言的学习。

Android 应用程序是基于 Java 语言开发的，如果读者不能完全看懂本章的程序，则需要借助于 Java 相关的书籍进一步学习；如果已熟练掌握了本章内容，则可以忽略本章内容。

第3章 Android 应用开发环境

学习 Android 开发之前，首先要搭建 Android 的应用开发环境。本章介绍从安装 JDK(Java Development Kit)开始，然后依次安装 Eclipse、ADT 和 Android SDK，最后利用搭建好的 Android 应用开发环境创建一个简单的"HelloWorld"应用程序，以验证是否正确搭建好开发环境。

3.1 搭建开发环境

Android 应用开发环境必须要安装 JDK、Eclipse、ADT 和 Android SDK，下面我们分别对每一步骤进行介绍。

3.1.1 安装 JDK

JDK 是 SUN Microsystems 公司提供的 Java 开发环境，也称 Java SDK，是整个 Java 的核心。它包括 Java 运行环境、Java 工具和 Java 基础的库类。如果没有 JDK，系统就无法安装或运行 Java 程序。

如果系统中没有 JDK，则可以从 Oracle 官网下载，下载地址如下：

http://www.oracle.com/technetwork/java/javase/downloads/jdk-7u3-download-1501626.html

然后按照安装提示步骤进行安装，安装完成后配置环境变量。配置变量的具体步骤如下：

(1) 选中"我的电脑"图标，点击右键弹出下拉菜单，如图 3.1 所示。

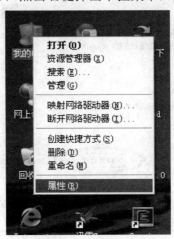

图 3.1 系统属性位置

(2) 点击图 3.1 中的"属性"，弹出"系统属性"对话框，在对话框中选择"高级"选项卡，如图 3.2 所示。

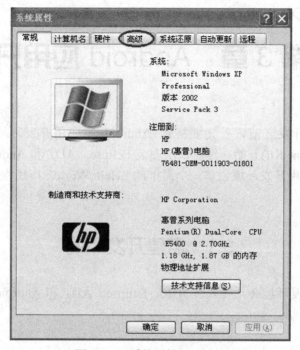

图 3.2　"系统属性"对话框

(3) 在"高级"选项卡中点击"环境变量"按钮(如图 3.3 所示)，弹出"环境变量"对话框。

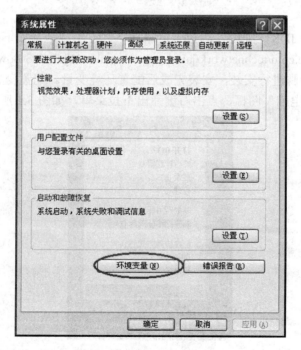

图 3.3　"高级"选项卡

(4) 在"系统变量"一栏中点击"新建"按钮,弹出"新建系统变量"对话框。在"变量名"处填写"JAVA_HOME","变量值"处填写安装 JDK 的路径(本书的路径为 C:\Program Files\Java\jdk1.7.0_04),如图 3.4 所示。之后点击"确定"按钮。

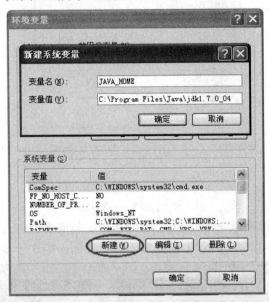

图 3.4　设置 JAVA_HOME 的界面

(5) 在"系统变量"栏中选中 CLASSPATH 变量,为其再添加如下路径:%JAVA_HOME%\lib\tools.jar;%JAVA_HOME%\lib\dt.jar;%JAVA_HOME%\bin。设置完成后点击"确定"按钮。

如果没有 CLASSPATH 变量,则新建一个即可,如图 3.5 所示。

图 3.5　添加 CLASSPATH 变量的界面

(6) 用同样的方法为 Path 变量添加如下路径(用分号分隔不同的路径变量):%JAVA_HOME%\bin,如图 3.6 所示。

图 3.6　添加 Path 变量界面

配置完成之后，可按照以下方法检查 JDK 是否安装成功：打开 cmd 窗口，输入"java -version"，若出现如图 3.7 所示的 JDK 的版本信息界面，则表示安装成功。

图 3.7　验证 JDK 安装成功的界面

3.1.2　安装 Eclipse

Eclipse 是一个开放源代码、基于 Java 的可扩展开发平台，可通过组件构建开发环境，其附带的标准插件集包括 JDK。Eclipse 通常被当做 Java 集成开发环境(IDE)使用。

如果系统中没有 Eclipse，则应先下载。本书所使用的 Eclipse 版本为 Indigo，下载地址如下：

http://www.eclipse.org/downloads/packages/release/indigo/r

如图 3.8 所示，这里我们下载 Indigo 版本中"Eclipse IDE for Java Developers (122MB)"的"Windows 32bit"版本，解压之后即可安装使用。Eclipse 导航界面如图 3.9 所示，点击标注的图标即可进入 WorkSpace 界面。

图 3.8　Eclipse 下载界面

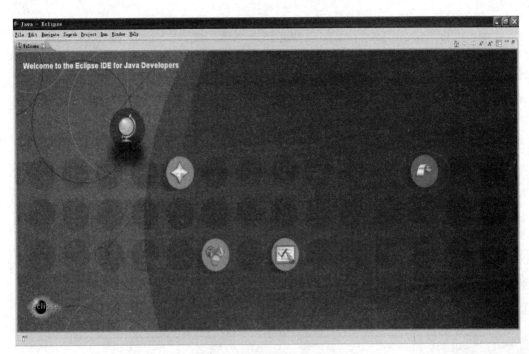

图 3.9　Eclipse 导航界面

3.1.3　安装 Android SDK

在安装 Android SDK 前，先下载 SDK 安装包 installer_r18-windows.exe，下载地址如下：
http://dl.google.com/android/installer_r18-windows.exe

下载完成后双击该文件安装 SDK，根据提示选择相应的路径进行安装。安装完成后，按如下步骤配置并下载相应版本及工具：

(1) 如图 3.10 所示，找到安装好的 SDK Manager，然后运行它。

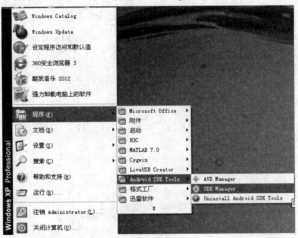

图 3.10　SDK Manager 的启动菜单

(2) SDK Manager 负责加载 Android SDK 版本包，加载成功就会出现如图 3.11 所示的界面。

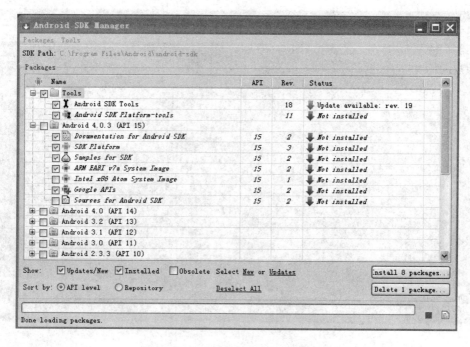

图 3.11 Android SDK Manager 界面

(3) 由于 SDK Manager 默认情况下使用 https 协议进行下载，因此可能会出现无法加载的情况，如图 3.12 所示，这时需要修改为 http 协议进行下载。点击 SDK Manager 中的"Tools"菜单中的"Options"(如图 3.13 所示)，将会出现如图 3.14 所示的界面，这时将"Misc"中的"Force https://..."项取消，系统就会重新加载版本包。

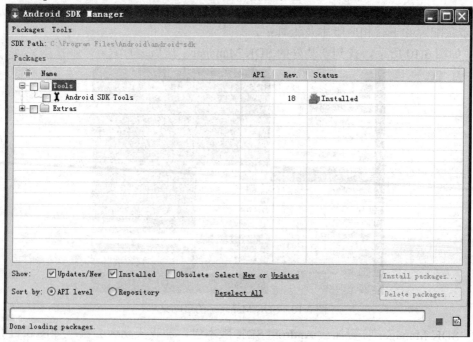

图 3.12 无法加载版本包界面

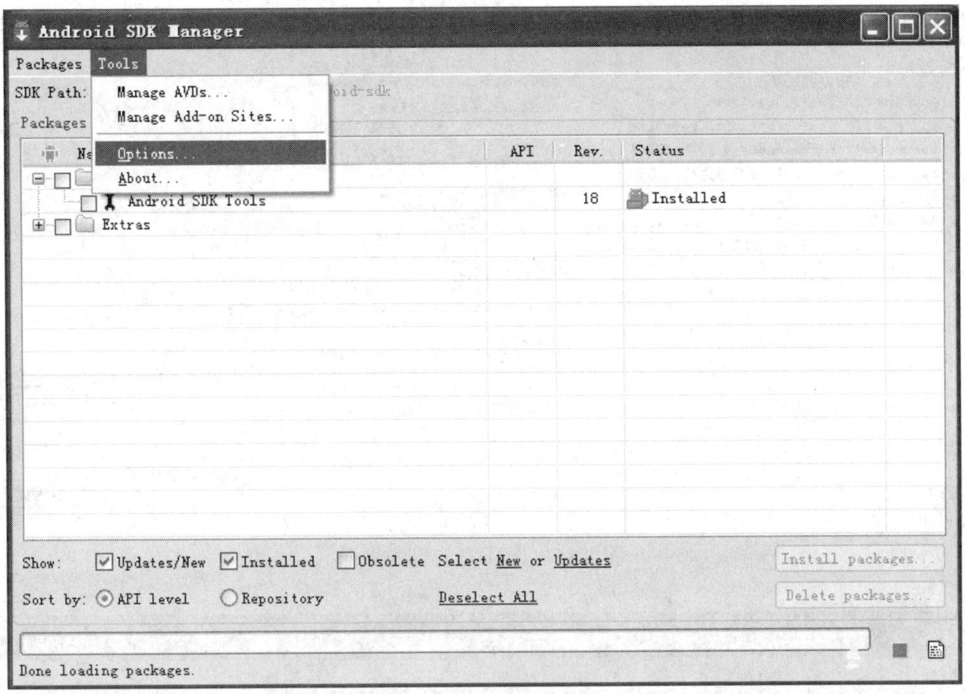

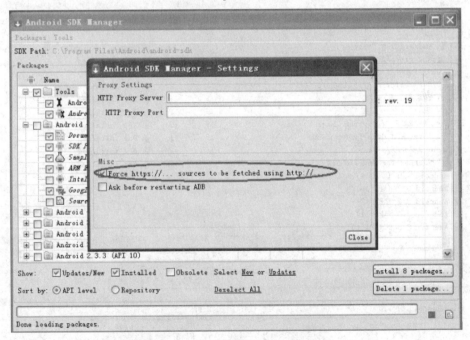

图 3.13　Options 进入界面

图 3.14　修改下载方式为 http 界面

(4) 加载成功之后，选择希望安装的 SDK 版本及其文档或者其他包(本书下载的是 Android 4.0.3 版本的 SDK 以及相应的工具包)，然后点击"Installation 8 packages..."，如图 3.11 所示。在弹出的"Choose Packages to Install"对话框中选择"Accept All"(如图 3.15 所示)，然后点击"Install"按钮，开始下载相应的包，如图 3.16 所示。

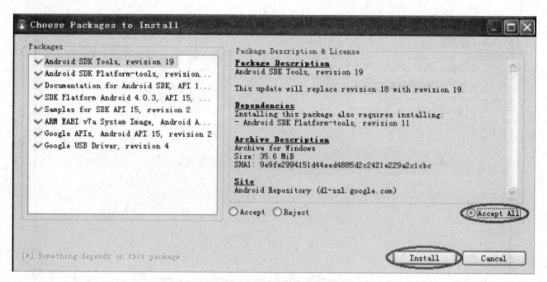

图 3.15　选择安装包的界面

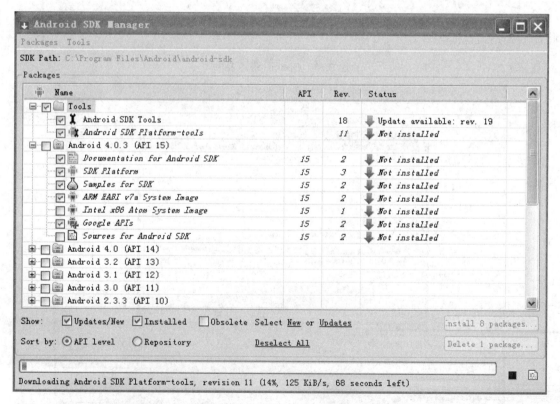

图 3.16　下载 SDK 界面

(5) 参考 3.1.1 节中的步骤(6)，将 Android SDK 中的 tools 文件夹路径添加到 Path 变量中。本书的路径为 C:\ProgramFiles\Android\android-sdk\tools。

(6) 打开 cmd 窗口，检查 SDK 是否配置成功。输入"android -h"，如果输出如图 3.17 所示，则表明环境变量配置成功。

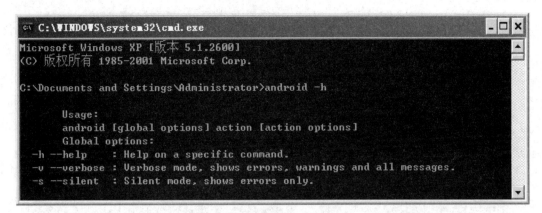

图 3.17 验证 SDK 环境配置界面

3.1.4 安装 ADT

Eclipse ADT (Android Development Tool)是 Eclipse 平台下用来开发 Android 应用程序的插件，本书采用离线方式安装 ADT 插件，使用的 ADT 版本为 18.0.0，下载地址如下：

http://dl.google.com/android/ADT-18.0.0.zip

安装步骤如下：

(1) 打开 Eclipse，依次点击菜单 Help ->Install New Software，如图 3.18 所示，打开"Install New Software"界面。

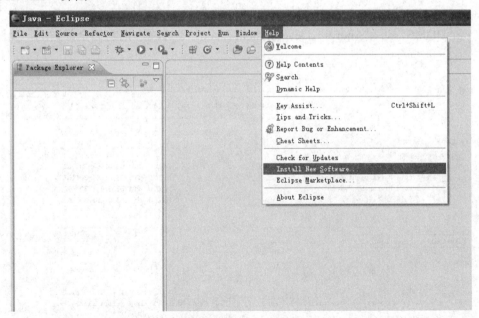

图 3.18 打开 Install New Software 界面

(2) 在弹出的"Install"对话框中点击"Add..."按钮，然后在弹出的"Add Repository"对话框中的"Name"框中输入名称，名称可任意取(本文命名为"ADT")，单击"Location"框右面的"Archive..."按钮，在弹出的"Repository Archive"对话框中添加 ADT 的路径，如图 3.19 所示。

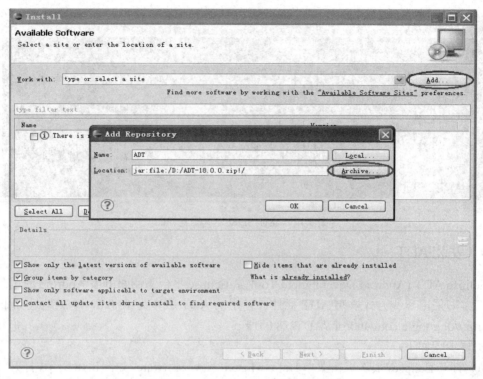

图 3.19　添加 ADT 路径的界面

　　(3) 点击"OK"按钮会看到"Name"标签栏下出现"Developer Tools"，展开它会有"Android DDMS"、"Android Development Tool"等选项，把它们全部勾选，如图 3.20 所示。

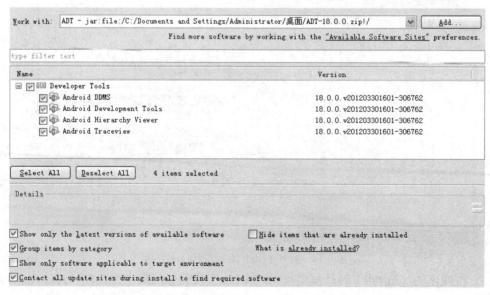

图 3.20　Developer Tools 安装界面

　　(4) 点击"Next"按钮，然后按照系统提示步骤进行安装，安装界面如图 3.21 所示。

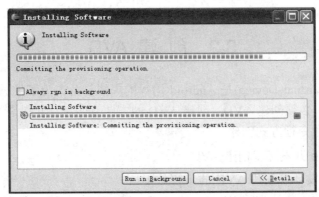

图 3.21 ADT 安装界面

(5) 安装完成后会提示重启 Eclipse，点击"Restart Now"按钮，如图 3.22 所示。

图 3.22 安装完成后提示重启 Eclipse 界面

(6) 重启 Eclipse 之后，单击 Window->Preferences...会弹出"Preferences"对话框，在左侧的面板中选择"Android"，然后点击右侧的"Browse..."按钮，添加 SDK 路径，如图 3.23 所示。本文的路径为 C:\Program Files\Android\android-sdk，最后点击"OK"按钮，安装配置完成。

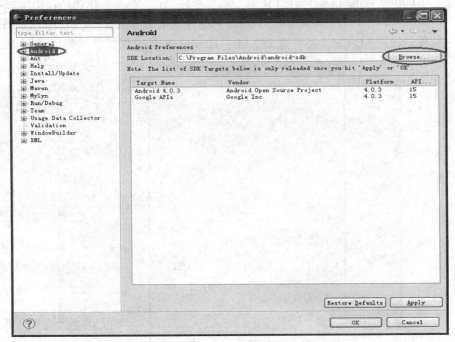

图 3.23 设置 SDK 路径界面

3.2 创建 AVD

AVD(Android Virtual Device)是 Android 运行的虚拟设备。为了使 Android 应用程序可以在模拟器上运行，必须创建 AVD。创建 AVD 的方法有两种，分别是通过 Eclipse 开发环境方式创建和通过命令行方式创建。

1. 通过 Eclipse 开发环境创建 AVD

通过 Eclipse 开发环境创建 AVD 的步骤如下：

(1) 在 Eclipse 中，依次选择 Windows->AVD Manager，打开"Android Virtual Device Manager"窗口，如图 3.24 所示。

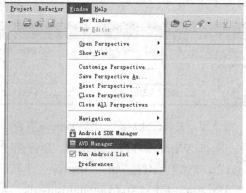

图 3.24　打开 AVD Manager 界面

(2) 在"Android Virtual Device Manager"窗口右侧点击"New"按钮，弹出创建 AVD 的窗口，在 Name 中填入 AVD 的名字，在 Target 中选择使用的分支版本，SD Card 和 Skin 可任意设置(这里我们设置 SD Card 大小为 512 M)，Hardware 目前保持默认值，如图 3.25 所示。

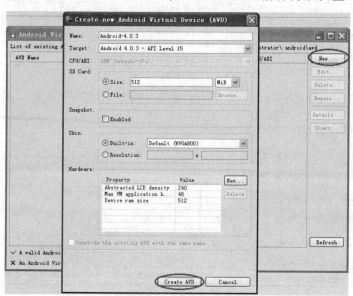

图 3.25　创建 AVD 界面

(3) 点击"Create AVD"按钮即可完成 AVD 的创建，如图 3.26 所示。

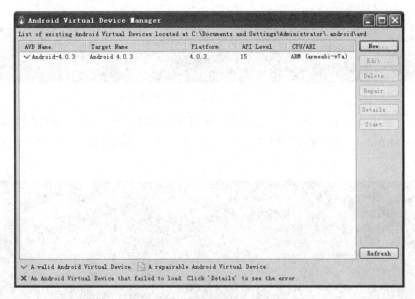

图 3.26　成功添加 AVD 界面

注意：如果在安装 Android SDK 时没有安装一些必要的可用版本包(Available Packages)，则在"Target"下拉列表中没有可选项，此时按照 3.1.3 节重新设置即可。

2. 通过命令行创建 AVD

这里我们通过命令行创建一个系统版本为 Android 4.0.3、SD Card 大小为 512 MB 的 AVD，步骤如下：

(1) 首先确定 Android 4.0.3 版本的 Target ID。打开 cmd 窗口，输入"android list target"，这里我们选择 ID 为 1 的 Target，如图 3.27 所示。

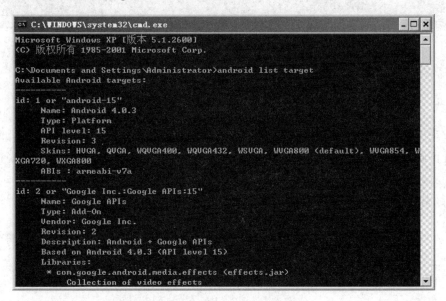

图 3.27　确定 Target ID 的界面

（2）输入"mksdcard 512M C:\ sdcard.img"来创建 512 M 的 SD Card 镜像，存放在 C 盘根目录下，文件名称为"sdcard.img"，如图 3.28 所示。

```
C:\Documents and Settings\Administrator>mksdcard 512M C:\sdcard.img

C:\Documents and Settings\Administrator>
```

图 3.28　创建 SD Card 镜像界面

（3）输入"android create avd --name Android-4.0.3-CMD --target 1 --sdcard c:\sdcard.img"，创建名为"Android-4.0.3-CMD"的 AVD，然后输入"android list avd"查看创建的 AVD，如图 3.29 所示。

```
C:\Documents and Settings\Administrator>android create avd --name Android-4.0.3-
CMD --target 1 --sdcard c:\sdcard.img
Auto-selecting single ABI armeabi-v7a
Android 4.0.3 is a basic Android platform.
Do you wish to create a custom hardware profile [no]
Created AVD 'Android-4.0.3-CMD' based on Android 4.0.3, ARM (armeabi-v7a) proces
sor,
with the following hardware config:
hw.lcd.density=240
vm.heapSize=48
hw.ramSize=512

C:\Documents and Settings\Administrator>android list avd
Available Android Virtual Devices:
    Name: Android-4.0.3-CMD
    Path: C:\Documents and Settings\Administrator\.android\avd\Android-4.0.3-CMD
.avd
  Target: Android 4.0.3 (API level 15)
     ABI: armeabi-v7a
    Skin: WVGA800
  Sdcard: c:\sdcard.img
```

图 3.29　创建并查看 AVD 界面

3.3　"Hello World"应用程序

本节利用搭建好的 Android 应用开发环境创建一个简单的"HelloWorld"应用程序，以验证是否正确搭建好开发环境。该程序可在模拟器屏幕上实现"Hello World！"字符串的输出，主要步骤如下：

（1）打开 Eclipse，依次点击 File->New->Project，新建"Android Project"项目，如图 3.30 所示。

（2）填写 Project Name(工程名)，这里填写的是"HelloWorld"，如图 3.31 所示。

Android Project 的相关参数说明如下：

- Project Name：包含这个项目的文件夹的名称。
- Use default location：允许选择一个已存在的项目。

图 3.30　创建 Android 工程界面　　　　　　　　图 3.31　输入工程名称界面

(3) 选择应用程序要编译的 Android SDK 分支版本，这里选择的是 Android 4.0.3，如图
3.32 所示。

(4) 输入 Application Name(应用程序名称)、Package Name(包名)等，如图 3.33 所示。

图 3.32　选择编译的分支版本　　　　　　　　图 3.33　输入应用的相关信息

相关参数说明如下：

● Application Name：应用程序的名称。

● Package Name：包名。遵循 Java 语言的规范，包名用来区分不同的类，本文填写
"com.test.helloworld"。

(5) 点击"Finish"按钮后，生成 HelloWorld 工程，它在 Eclipse 目录中的结构如图 3.34 所示。

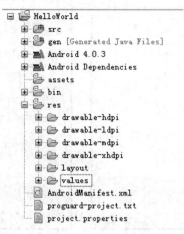

图 3.34　HelloWorld 工程目录结构

(6) 修改 res /values 目录下 strings.xml 文件中的 hello 变量的值，更改为"Hello World！" 后保存，如图 3.35 所示。

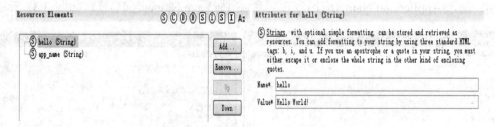

图 3.35　修改 hello 变量值的界面

(7) 配置运行设置，依次选择菜单 Run->Run Configurations…，如图 3.36 所示。

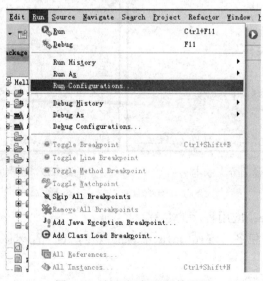

图 3.36　打开运行配置的界面

(8) 在打开的 "Run Configurations" 对话框中选择 "Android Application"，点击左上角的按钮(形如一张纸上有个 "+" 号)或双击 "Android Application"，会生成一个新的选项 "New_configuration" (可以改为喜欢的名字)。在 "Android" 标签页中点击 "Browse…"，然后选择 "HelloWorld" 工程，如图 3.37 所示。

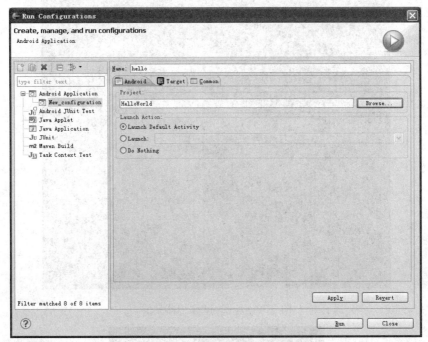

图 3.37　设置运行配置界面

(9) 在 "Target" 标签页的 "Automatic" 列表中勾选相应的 AVD，如图 3.38 所示。如果没有可用的 AVD，则需要点击右下角的 "Manager…" 按钮，然后新建相应的 AVD。

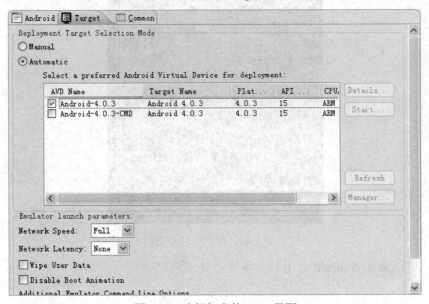

图 3.38　选择相应的 AVD 界面

(10) 最后点击"Run"按钮，若成功运行，则会弹出 Android 模拟器界面，如图 3.39 所示。模拟器启动后会显示"Hello World！"，如图 3.40 所示。

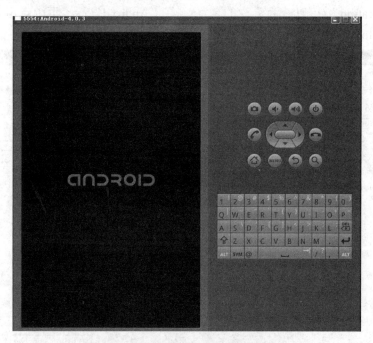

图 3.39　Android 模拟器界面

图 3.40　程序运行界面

至此，可以验证 Android 应用开发环境搭建成功。

第4章 Android 基本组件

本章及接下来几章将重点介绍 Android 应用程序的原理及运用，这些内容都是 Android 开发人员必须要深刻理解和熟练掌握的。本章介绍 Android 用户界面开发的基础知识和 Android 应用程序的基本组件及其生命周期。

4.1 Android 用户界面

用户界面(User Interface，UI)是系统和用户之间进行信息交换的媒介。目前大多数采用的是图像用户界面(Graphical User Interface，GUI)，未来将更多采用虚拟现实技术实现与用户的交互。Android 系统使用可扩展标记语言 (Extensible Markup Language，XML)文件描述用户界面，使用起来非常灵活，允许不明确定义界面元素的位置和尺寸(仅声明界面元素的相对位置和粗略尺寸)，而且资源文件保存在独立的资源文件夹中。

Android 用户界面框架采用视图树(View Tree)模型，框架中的界面元素以一种树型结构组织在一起。Android 系统会依据视图树的结构从上到下绘制每个界面元素。每个元素负责对自身的绘制，若元素中包含子元素，则该元素会通知其下所有子元素进行绘制。

视图树由 View 和 ViewGroup 构成。View 是界面的最基本可视单元，存储了屏幕上特定矩形区域内所显示内容的数据结构，并能实现所占据区域的界面绘制。View 也是一个重要基类，所有界面上的可见元素都是 View 的子类。ViewGroup 是一种能够承载含多个 View 的显示单元。

Android 系统的界面控件分为定制控件和系统控件。定制控件是用户独立开发的空间，或通过继承并修改系统控件后产生的新控件，能够满足用户特殊的功能或与众不同的显示需求。系统控件是 Android 系统提供给用户的已经封装的界面控件，提供应用程序开发过程中常见的功能控件。系统控件更有利于用户快速开发，同时能够使 Android 系统中应用程序的界面保持一致性。常见的系统控件有 TextView、EditText、Button、ImageButton、CheckBox、RadioButton、Spinner、ListView、TabHost 等。

4.1.1 TextView(文本视图)

TextView 是一种用于显示文本信息，如字符串(包括 HTML 文本)的控件。在 Android 用户界面中，通过 TextView 参数可对控件显示进行控制，其效果图如图 4.1 所示。

图 4.1　TextView 布局文件效果图

实现 TextView 的方法是首先在布局文件中添加 TextView 控件，然后在 Activity 中获取该控件，最后设置该控件的属性。具体实现步骤如下：

(1) 创建名为"TextViewExample"的工程，在 res/layout/main.xml 中添加如下代码：

```
<LinearLayout xmlns:android="http://schemas.android.com/apk/res/android"
    android:layout_width="fill_parent"
    android:layout_height="fill_parent"
    android:orientation="vertical" >
    <TextView
        android:id="@+id/textview"
        android:layout_width="fill_parent"
        android:layout_height="wrap_content"
        android:text="@string/text" />
</LinearLayout>
```

LinearLayout 表示该 Activity 为线性布局，其中，layout_width 和 layout_height 分别定义长度和宽度，fill_parent 表示布满整个布局，wrap_content 表示根据内容动杰布局，orientation 参数用于控制布局方向，vertical 表示垂直布局，horizontal 表示水平布局。TextView 控件中的 text 参数表示 TextView 要显示的文本，这里的文本值为 res/values/strings.xml 中定义的 text 元素的值。

(2) 修改 TextViewExampleActivity .java 中的代码：

```
public class TextViewExampleActivity extends Activity {
    /** Called when the activity is first created. */
    @Override
    public void onCreate(Bundle savedInstanceState) {
        super.onCreate(savedInstanceState);
        setContentView(R.layout.main);
        //获取 xml 配置文件定义的 TextView 控件
        TextView textView = (TextView)findViewById(R.id.textview);
        //设置显示文本的颜色，也可以在 xml 配置文件中定义
        textView.setTextColor(Color.RED);
```

```
        //设置显示文本的字体大小
        textView.setTextSize(20);
        //设置 TextView 控件的背景颜色
        textView.setBackgroundColor(Color.BLUE);
    }
}
```

Activity 的入口为 onCreate()方法，首先调用 setContentView(R.layout.main)设置 Activity 布局，并通过调用 findViewById()方法来获取布局文件中的 TextView 控件，然后设置 TextView 控件的相关属性，如字体颜色、大小等。这些属性也可以在 TextView 控件的配置文件中定义。

4.1.2 Button(按钮)

Android SDK 在布局中常用的简单按钮控件为 Button 和 ImageButton。利用 Button 按钮控件，用户能在该空间上点击后引发相应的事件处理函数。Toast 是 Android 中用来显示简洁信息(例如：帮助或提示)的一种机制，它没有焦点，而且其显示的时间有限，超过一定的时间就会自动消失。本小节主要是实现一个简单的 Button 控件实例，如图 4.2 所示。

图 4.2　Button 控件图

实现一个简单的 Button 控件的思路是：首先在布局文件中加入 TextView 和 Button 控件(其中 TextView 用来显示信息)，然后在 Activity 中获取 Button 控件，并设置事件监听，当点击 Button 控件时，利用 Toast 来提示信息。具体实现步骤如下：

(1) 创建一个名为"TextViewExample"的 Android 工程，修改布局文件 res/layout/main.xml：

```
<?xml version="1.0" encoding="utf-8"?>
<LinearLayout xmlns:android="http://schemas.android.com/apk/res/android"
    android:layout_width="fill_parent"
```

```
            android:layout_height="fill_parent"
            android:orientation="vertical">
        <TextView
                android:layout_width="fill_parent"
                android:layout_height="wrap_content"
                android:text="@string/text" />
        <Button
                android:id="@+id/button"
                android:layout_width="fill_parent"
                android:layout_height="wrap_content"
                android:text="@string/button_text" />
    </LinearLayout>
```

(2) 在 ButtonExampleActivity.java 中添加 Button 控件事件监听：

```
//获取 Button 控件
Button btn = (Button)findViewById(R.id.button);
//设置 Button 控件的事件监听
btn.setOnClickListener(new Button.OnClickListener(){
    public void onClick(View v) {
            //这部分是自动产生方法桩
        Toast.makeText(ButtonExampleActivity.this, "点击了 OK 按钮", Toast.LENGTH_ SHORT).show();
        }
});
```

首先调用 findViewById()方法获取 Button 控件，然后设置 Button 的事件监听，当 Button
控件被点击时，程序会执行 onClick()方法。我们在这里使用 Toast 来提示事件响应，makeText()
函数对显示进行控制，其中第一个参数是 Context，一般为当前 Activity；第二参数是要显
示的文本信息；第三个参数是要显示的时间。设置完成后调用 show()方法进行显示。

4.1.3　EditText(编辑框)

EditText 是用来输入和编辑字符串的控件，可认为是一种具有编辑功能的 TextView。
本小节介绍如何实现一个动态显示编辑框内容的应用编辑框，如图 4.3 所示。

图 4.3　编辑框的应用示例图

实现的思路是：首先在界面布局文件中创建 TextView 和 EditText 控件，TextView 用来动态显示编辑框中的内容，然后在 Activity 中获取控件并设置控件事件。具体实现步骤如下：

(1) 创建一个名为"EditTextExample"的 Android 工程，在布局文件中定义 TextView 和 EditText 两个控件：

```
<TextView
    android:id="@+id/edittext_display"
    android:layout_width="fill_parent"
    android:layout_height="wrap_content"
    android:text="@string/text_default" />
<EditText
    android:id="@+id/edittext"
    android:layout_width="fill_parent"
    android:layout_height="wrap_content"
    android:text="" />
```

(2) 主程序代码获取控件，并设置监听：

```
//获取 TextView 对象
editTextDisplay = (TextView)findViewById(R.id.edittext_display);
//获取 EditText 对象
editText = (EditText)findViewById(R.id.edittext);
//设置 TextView 的文本字体大小
editTextDisplay.setTextSize(20);
//设置 EditText 事件监听
editText.setOnKeyListener(new EditText.OnKeyListener()
{
        public boolean onKey(View v, int keyCode, KeyEvent event) {
            //这部分是自动产生方法桩
            //设置 TextView 的文本
            editTextDisplay.setText(getResources().getString(R.string.text_default)+editText. getText().
toString());
            return false;
        }
});
```

首先获取 TextView 和 EditText 对象，然后设置 EditText 控件监听，当输入文本的时候，会触发事件响应，调用 onKey()方法，然后设置 TextView 中的文本，实现同步显示。

4.1.4 RadioButton(单选按钮)

RadioButton 就是单选按钮，Android 单项选择是通过 RadioGroup、RadioButton 来实现单项选择效果的。本小节介绍如何实现一个单项选择。程序运行界面如图 4.4 所示。

图 4.4　RadioButton 使用实例图

实现的思路是：在布局文件中使用 RadioGroup 和 RadioButton 实现单选效果，在 Activity 中获取控件、设置事件监听，当 RadioButton 被点击时，使用 Toast 提示选择的结果。具体实现步骤如下：

(1) 创建一个名为"RadioButtonExample"的 Android 工程，在 res/values 目录下的 String.xml 中修改并添加字符串常量：

```
<resources>
        <string name="app_name">RadioButton 实现单向选择实例</string>
        <string name="title">Android 底层是基于什么操作系统的？</string>
        <string name="radiobutton1">Windows</string>
        <string name="radiobutton2">Linux</string>
        <string name="radiobutton3">Mac OS</string>
        <string name="radiobutton4">Java</string>
</resources>
```

(2) 在 main.xml 布局文件中添加控件：

```
<TextView
        android:layout_width="fill_parent"
        android:layout_height="wrap_content"
        android:text="@string/title" />
<RadioGroup
        android:id="@+id/radiogroup"
        android:layout_width="wrap_content"
        android:layout_height="wrap_content"
        android:orientation="vertical">
        <RadioButton
```

```
android:id="@+id/radiobutton1"

android:layout_width="wrap_content"

android:layout_height="wrap_content"

android:text="@string/radiobutton1" />

<RadioButton

android:id="@+id/radiobutton2"

android:layout_width="wrap_content"

android:layout_height="wrap_content"

android:text="@string/radiobutton2" />

<RadioButton

android:id="@+id/radiobutton3"

android:layout_width="wrap_content"

android:layout_height="wrap_content"

android:text="@string/radiobutton3" />

<RadioButton

android:id="@+id/radiobutton4"

android:layout_width="wrap_content"

android:layout_height="wrap_content"

android:text="@string/radiobutton4" />

</RadioGroup>
```

首先定义一个 TextView 用来显示问题，然后定义 RadioGroup 并将 4 个 RadioButton 组合成一个整体，这样就可以实现单选框。

(3) 修改 RadioButtonExampleActivity.java 如下：

```
public void onCreate(Bundle savedInstanceState) {

    super.onCreate(savedInstanceState);

    setContentView(R.layout.main);

    //获取控件

    RadioGroup = (RadioGroup)findViewById(R.id.radiogroup);

    RadioButton1 = (RadioButton)findViewById(R.id.radiobutton1);

    RadioButton2 = (RadioButton)findViewById(R.id.radiobutton2);

    RadioButton3 = (RadioButton)findViewById(R.id.radiobutton3);

    RadioButton4 = (RadioButton)findViewById(R.id.radiobutton4);

        //设置事件监听

    radioGroup.setOnCheckedChangeListener(new RadioGroup.OnCheckedChangeListener() {

public void onCheckedChanged(RadioGroup group, int checkedId) {

        //这部分是自动产生方法桩

        if(checkedId == RadioButton2.getId())

        {

            displayToast("回答正确！");
```

```
                        }
                        else
                        {
                                displayToast("回答错误！");
                        }
                }
                });
        }
        //显示 Toast
        private void displayToast(String str)
        {
                Toast.makeText(this, str, Toast.LENGTH_SHORT).show();
        }
```

首先获取相应控件，然后设置 RadioGroup 事件监听，判断用户点击的是否是
radioButton2，如果是，则提示正确，否则提示错误。

4.1.5 CheckBox(多选框)

CheckBox 是一种有双状态的按钮控件，可以选中或者选不中。本小节介绍如何实现一
个多项选择，如图 4.5 所示。

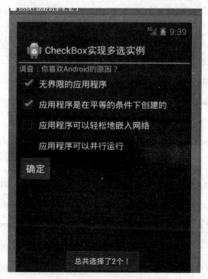

图 4.5 CheckBox 实例图

实现的思路是：在布局文件中添加 TextView、CheckBox 和 Button 控件，TextView 用
于显示题目，Checkbox 用于显示选项，Button 用于提交结果。最后在程序中实现当点击
CheckBox 时，提示 CheckBox 对应的文本信息；当点击 Button 时，提示总共选择的选项数
量。具体实现步骤如下：

(1) 创建一个名为"CheckBoxExample"的 Android 工程，在 res/values 目录下的 String.xml

中修改并添加字符串常量：

```xml
<resources>
        <string name="app_name">CheckBox 实现多选实例</string>
        <string name="title">调查：你喜欢 Android 的原因？</string>
        <string name="checkbox1">无界限的应用程序</string>
        <string name="checkbox2">应用程序是在平等的条件下创建的</string>
        <string name="checkbox3">应用程序可以轻松地嵌入网络</string>
        <string name="checkbox4">应用程序可以并行运行</string>
</resources>
```

(2) 在布局文件 main.xml 中添加如下控件：

```xml
<TextView
        android:layout_width="fill_parent"
        android:layout_height="wrap_content"
        android:text="@string/title" />
<CheckBox
        android:id="@+id/checkbox1"
        android:layout_width="wrap_content"
        android:layout_height="wrap_content"
        android:text="@string/checkbox1" />
<CheckBox
        android:id="@+id/checkbox2"
        android:layout_width="wrap_content"
        android:layout_height="wrap_content"
        android:text="@string/checkbox2" />
<CheckBox
        android:id="@+id/checkbox3"
        android:layout_width="wrap_content"
        android:layout_height="wrap_content"
        android:text="@string/checkbox3" />
<CheckBox
        android:id="@+id/checkbox4"
        android:layout_width="wrap_content"
        android:layout_height="wrap_content"
        android:text="@string/checkbox4" />
<Button
        android:id="@+id/submit"
        android:layout_width="wrap_content"
        android:layout_height="wrap_content"
android:text="@string/submit" />
```

上述程序首先定义了一个 TextView 来显示题目，然后定义了四个 CheckBox 控件来显示选项，最后定义了一个 Button 来提交选项。

(3) 在主程序代码中处理控件响应：

```
public void onCreate(Bundle savedInstanceState) {
        super.onCreate(savedInstanceState);
        setContentView(R.layout.main);
        //获取控件
        btn_submit = (Button)findViewById(R.id.submit);
        checkBox1 = (CheckBox)findViewById(R.id.checkbox1);
        checkBox2 = (CheckBox)findViewById(R.id.checkbox2);
        checkBox3 = (CheckBox)findViewById(R.id.checkbox3);
        checkBox4 = (CheckBox)findViewById(R.id.checkbox4);
        CompoundButton.OnCheckedChangeListener occl = new CheckBox.OnCheckedChange
Listener()
        {
                public void onCheckedChanged(CompoundButton buttonView,
                        boolean isChecked) {
                        //这部分是自动产生方法桩
                        if(buttonView.isChecked())
                        {
                                displayToast(buttonView.getText().toString());
                        }
                }

        };
        checkBox1.setOnCheckedChangeListener(occl);
        checkBox2.setOnCheckedChangeListener(occl);
        checkBox3.setOnCheckedChangeListener(occl);
        checkBox4.setOnCheckedChangeListener(occl);
        btn_submit.setOnClickListener(new Button.OnClickListener()
        {
                public void onClick(View v) {
                        //这部分是自动产生方法桩
                        int num = 0;
                        if(checkBox1.isChecked())
                        {   num++;
                        }
                        if(checkBox2.isChecked())
                        {   num++;
```

```
                    }
                    if(checkBox3.isChecked())
                    {   num++;
                    }
                    if(checkBox4.isChecked())
                    {   num++;
                    }
                    displayToast("总共选择了" + num + "个！");
                }
        });
    }
```

上述程序首先获取了相应的控件，然后定义了 OnCheckedChangeListener 变量，实现了当用户点击 CheckBox 时都会显示 CheckBox 所对应的文本，最后定义了 Button 响应，并显示了选择的总数。

4.1.6 Menu(菜单)

Android 菜单分为选项菜单(OptionsMenu)、上下文菜单(ContextMenu)、子菜单(SubMenu)。本小节主要介绍选项菜单，Android 手机或者模拟器上有一个 Menu 按键，当按下 Menu 时，每个 Activity 都可以选择处理这一请求，在屏幕底部会弹出一个菜单，这个菜单称为选项菜单(OptionsMenu)。一般情况下，选项菜单最多显示 2 排，每排有 3 个菜单项，如图 4.6 所示。在这些菜单项里可以有文字也可以有图表，如果多于 6 项，则从第 6 项开始被隐藏，第 6 项的位置回传给"More"，点击"More"可以显示第 6 项及其以后的菜单项。

图 4.6 Menu 实例图

通常可通过在 Activity 中使用 OptionsMenu 的两种方法实现选项菜单：onCreateOptionsMenu(int featureId, MenuItem item) 和 onMenuItemSelected(int featureId, MenuItem item)。设置 Menu 菜单也有两种方法，一种通过 xml 配置文件实现，另一种通过在程序中调用 add 函数实现。通过建立两个 Activity，分别实现这两种方法。具体实现步骤如下：

(1) 创建一个名为"MenuExample"的 Android 工程，然后在 res 中新建 menu 文件夹，添加 menu.xml 配置文件：

```
<menu xmlns:android="http://schemas.android.com/apk/res/android">
    <item android:id="@+id/about"
android:title="关于" />
        <item android:id="@+id/exit"
android:title="退出" />
</menu>
```

(2) 新建 OptionsMenuActivity 类，继承自 Activity，并且在 AndroidManifest.xml 中进行注册：

```
<activity
        android:name=".OptionsMenuActivity"
        android:label="@string/app_name">
</activity>
```

(3) MenuExampleActivity 使用配置文件实现，主要代码如下：

```
@Override
public boolean onCreateOptionsMenu(Menu menu) {
        //这部分是自动产生方法桩
        MenuInflater inflater = this.getMenuInflater();
        // 设置 menu 界面为 res/menu/menu.xml
        inflater.inflate(R.menu.menu, menu);
        return true;
}
@Override
public boolean onOptionsItemSelected(MenuItem item) {
        //这部分是自动产生方法桩
        switch(item.getItemId())
        {
        case R.id.about:
            displayToast("菜单 ABOUT");
            break;
        case R.id.next:
            displayToast("菜单 Next");
            next();
```

```
                break;
        case R.id.exit:
                displayToast("菜单 Exit");
                exit();
                break;
        }
        return true;
}
```

(4) OptionsMenuActivity 调用 add 方法实现，主要程序如下：

```
@Override
public boolean onCreateOptionsMenu(Menu menu) {
        //这部分是自动产生方法桩
        menu.add(0, MENU_ABOUT, 0, "关于");
        menu.add(0, MENU_NEXT_OR_PRE, 1, "返回");
        menu.add(0, MENU_EXIT, 1, "退出");
        return true;
}
@Override
public boolean onMenuItemSelected(int featureId, MenuItem item) {
        //这部分是自动产生方法桩
        switch(item.getItemId())
        {
        case MENU_ABOUT:
                displayToast("菜单 ABOUT");
                break;
        case MENU_NEXT_OR_PRE:
                displayToast("菜单 Next");
                back();
                break;
        case MENU_EXIT:
                displayToast("菜单 Exit");
                exit();
                break;
        }
        return true;
}
```

OptionsMenu 有两种添加方式：一种是使用 xml 配置文件，然后使用 MenuInflater 添加；另一种是直接调用 Menu 的 add()方法添加。

MenuExampleActivity 使用第一种方法，OptionsMenuActivity 使用第二种方法。添加

OptionsMenu 只需要添加 onCreateOptionsMenu(int featureId, MenuItem item) 和 onMenuItemSelected(int featureId, MenuItem item)方法即可。在 Editor 中点击右键，依次选择"Source"、"Override/Implement Methods"，在弹出的"Override/Implement Methods"对话框中添加"onCreateOptionsMenu(int featureId, MenuItem item)"和"onMenuItemSelected(int featureId, MenuItem item)"方法即可。

(5) back()方法的代码如下：

```
private void back()
{
    Intent intent = new Intent();
    intent.setClass(this, MenuExampleActivity.class);
    startActivity(intent);
    exit();
}
```

back()方法使用 Intent 来实现两个 Activity 的切换。Intent 的 setClass(Context context, Class<?> cls)方法用于设置 Activity 数据，第一个参数为当前 Activity，第二参数为要切换到的 Activity。调用 startActivity 方法以实现切换；调用 exit 方法以结束当前 Activity。

4.1.7　Dialog(对话框)

对话框是 Android 中不可或缺的，而在使用对话框的时候，需要使用 AlertDialog.Builder类。当然除了系统默认的对话框外，还可以自定义对话框，如果对话框设置了按钮，那么要对其进行事件监听。本小节主要是实现一个 AlertDialog.Builder 类和自定义的对话框的实例，如图 4.7～图 4.9 所示。

图 4.7　对话框实例 1

图 4.8　对话框实例 2

图 4.9　对话框实例 3

实现对话框的思路是：首先使用 AlertDialog.Builder()生成默认对话框，如图 4.7 所示，当点击确定时，会调用 setPositiveButton 中的 DialogInterface.OnClickListener()方法，使用 LayoutInflater 获取登录框自定义的布局文件，然后将新建一个 AlertDialog 对话框，并使用上面自定义的布局文件，如图 4.8 所示。当输入用户名、密码点击登录后，创建一个 ProgressDialog，建立一个线程，3 秒后取消，如图 4.9 所示。具体实现步骤如下：

(1) 创建一个名为"DialogExample"的 Android 工程，在 res/layout 添加登录对话框的界面配置文件(dialog.xml)：

```xml
<?xml version="1.0" encoding="utf-8"?>
<LinearLayout xmlns:android="http://schemas.android.com/apk/res/android"
    android:layout_width="fill_parent"
    android:layout_height="fill_parent"
    android:orientation="vertical" >
    <TextView
        android:layout_width="fill_parent"
        android:layout_height="wrap_content"
        android:text="@string/name" />
    <EditText
        android:id="@+id/name"
        android:layout_width="fill_parent"
        android:layout_height="wrap_content"
        android:singleLine="true"
        android:text="" />
    <TextView
```

```
                    android:layout_width="fill_parent"
                    android:layout_height="wrap_content"
                    android:text="@string/password" />
                <EditText
                    android:id="@+id/password"
                    android:layout_width="fill_parent"
                    android:layout_height="wrap_content"
                    android:password="true"
                    android:singleLine="true"
                    android:text="" />
            </LinearLayout>
```

(2) 添加第一个对话框，代码如下：

```
    new AlertDialog.Builder(this)
            .setTitle("登录")
            .setMessage("是否转到登录界面?")
            .setPositiveButton("确定", new DialogInterface.OnClickListener() {

                @Override
                public void onClick(DialogInterface dialog, int which) {
                    //这部分是自动产生方法桩

                }
            })
            .setNegativeButton("取消", new DialogInterface.OnClickListener() {
                @Override
                public void onClick(DialogInterface dialog, int which) {
                    //这部分是自动产生方法桩
                    DialogExampleActivity.this.finish();
                }
            })
            .show();
```

(3) 添加登录框：

```
    LayoutInflater factory = LayoutInflater.from(DialogExampleActivity.this);
    //根据布局文件获取 View
    View DialogView = factory.inflate(R.layout.dialog, null);
    //创建对话框
    AlertDialog ad = new AlertDialog.Builder(DialogExampleActivity.this)
                    .setTitle("登录框")
                    .setView(DialogView)
                    .setPositiveButton("登录", new DialogInterface.OnClickListener() {
```

```
                                        @Override
                                        public void onClick(DialogInterface dialog, int which) {
                                                //这部分是自动产生方法桩
                                        }
                                })
                        .setNegativeButton("取消", new DialogInterface.OnClickListener() {
                                @Override
                                public void onClick(DialogInterface dialog, int which) {
                                        //这部分是自动产生方法桩
                                        DialogExampleActivity.this.finish();
                                }
                        })
                        .show();
```

(4) 添加进程框：

```
        pd = ProgressDialog.show(DialogExampleActivity.this, "请稍等...", "正在登录...",true);
        new Thread()
        {
                public void run()
                {
                        try
                        {
                                sleep(3000);
                        }catch(Exception e)
                        {
                                e.printStackTrace();
                        }
                        finally
                        {
                                //登录结束，取消 pd 对话框
                                pd.dismiss();
                        }
                }
        }
        .start();
```

4.1.8　ImageButton(图片按钮)

在 UI 设计中，Button 是一个常用的控件，但是 Button 太普通，不够艺术化，和界面的其他元素不协调，这时，往往希望用图片代替，ImageButton 由此产生。本小节使用 4.1.7 节的 Dialog 实现一个 ImageButton 实例，如图 4.10 所示。

图 4.10　图片按钮实例

实现图片按钮的思路是：定义三个 ImageButton 控件，分别为 imagebutton1、imagebutton2 和 imagebutton3，imagebutton1 在布局文件中指定图标路径，imagebutton2 在程序中指定图标路径，imagebutton3 使用系统提供的图标。当点击 imagebutton1 时会弹出对话框显示"我是 ImageButton1"；当点击 imagebutton2 时会弹出"我是 ImageButton2，我要使用系统图标"，点击确定后，imagebutton2 图标会变成 imagebutton3 的图标；当点击 imagebutton3 时会显示"我是系统图标"。具体实现步骤如下：

(1) 首先新建一个名为"ImageButtonExample"的 Android 工程，在 res 目录下新建名为"drawable"的文件夹，将 browser.png 和 ubuntu.png 两张图片拷贝到该文件夹下，然后在 xml 布局文件中定义三个 ImageButton 控件，使用 android:src 属性指定 imagebutton1 的图标路径 。

```
<ImageButton
    android:id="@+id/imagebutton1"
    android:layout_width="wrap_content"
    android:layout_height="wrap_content"
android:src="@drawable/browser" />
```

(2) 在 ImageButtonExampleActivity.java 中定义三个 ImageButton 的类变量，调用 findViewbyId 方法获取控件，使用 ImageButton 中的 setImageDrawable 方法给 imagebutton2 和 imagebutton3 设置图标，最后分别设置三个控件的事件监听即可。

```
//设置图片，由于 imagebutton1 在布局文件中已经设置，因此这里就不设置了
imagebutton2.setImageDrawable(getResources().getDrawable(R.drawable.ubuntu));
//imagebutton3 使用系统图标
imagebutton3.setImageDrawable(getResources().getDrawable(android.R.drawable.sym_call_incoming));
```

4.1.9 ImageView(图片视图)

ImageView 是一种显示图片的控件，本小节使用 ImageView 和线程实现一个透明度逐渐变化的图片，如图 4.11 所示。

图 4.11 图片视图示例

实现图片视图的思路是：开始设置图片的透明度为 256，然后开启一个线程，每 0.2 秒减少一次透明度，然后更新图片，当透明度为 0 的时候，停止线程。具体实现步骤如下：

(1) 新建一个名为"ImageViewExample"的 Android 工程，在界面配置文件 main. xml 中添加 ImageView 和 TextView 两个控件。其中，ImageView 用来显示图片；TextView 用来显示当前透明度的数值。

(2) 在 ImageViewExampleActivity 中获取相应的控件，调用 ImageView 的 setAlpha 方法设置默认的透明度为 256，然后开启线程，每隔 0.2 秒调用一次 updateAlpha 方法，以更新透明度 alpha 的值，最后使用 Handler 来更新图片。

```
public void onCreate(Bundle savedInstanceState) {
    super.onCreate(savedInstanceState);
    setContentView(R.layout.main);

    //获取控件
    image = (ImageView)findViewById(R.id.imageview);
    text = (TextView)findViewById(R.id.text);
    //设置透明度
    image.setAlpha(alpha);
    //开启一个线程使得 alpha 值递减
     new Thread(new Runnable()
    {
        public void run()
```

```
                {
                        while (isrun)
                        {
                                try {
                                        Thread.sleep(200);
                                        // 更新 alpha 值
                                        updateAlpha();
                                } catch (InterruptedException e)
                                {
                                        e.printStackTrace();
                                }
                        }
                }
        }).start();


        //接受消息之后更新 ImageView 视图
        handler = new Handler()
        {
                @Override
                public void handleMessage(Message msg)
                {
                        super.handleMessage(msg);

                        image.setAlpha(alpha);
                        text.setText("现在 alpha 值是： " + alpha);
                        // 更新
                        image.invalidate();
                }
        };
}

public void updateAlpha()
{
        if (alpha - 7 >= 0)
        {
                alpha -= 7;
        }
        else
        {
```

```
        alpha = 0;

        isrun = false;

    }

    // 发送需要更新 ImageView 视图的消息

    handler.sendMessage(handler.obtainMessage());


}
```

4.1.10 ListView(列表视图)

在 Android 开发中，ListView 是比较常用的组件，它以列表的形式展示具体内容，并且能够根据数据的长度自适应显示。本小节介绍三个 ListView 示例，如图 4.12～图 4.14 所示。

图 4.12 ListView 示例 1

图 4.13 ListView 示例 2

图 4.14 ListView 示例 3

ListView 的显示需要三种元素：ListView、适配器和数据。其中，ListView 用来显示列表；适配器是数据与 ListView 的桥梁，它负责将数据映射到 ListView 上；数据是列表展示的文本、图片等。

ListView 的适配器分为 ArrayAdapter、SimpleAdapter 和 SimpleCursorAdapter。ArrayAdapter 最简单，用来显示文本；SimpleAdapter 有良好的扩充性，可以自定义各种效果；SimpleCursorAdapter 与数据库结合，用于显示数据库的数据。

本小节介绍实现三种 ListView 的显示配置方式，分别为使用继承的 ListActivity 方式、xml 配置方式和自定义方式。下面定义一个名为"names"的数组作为 ListView 的数据，然后定义三个 Activity (ListViewExampleActivity、ListView2、ListView3)，用来实现上面的三种显示配置方式。在 ListViewExampleActivity 中点击"2"即可跳转到 ListView2，点击"3"即可跳转到 ListView3。

1. 使用继承的 ListActivity

使用继承的 ListActivity 方式的具体实现步骤如下：

(1) 更改 ListViewExampleActivity 的父类为 ListActivity，然后删除 onCreate 中的 setContentView(R.layout.main)语句。

(2) 这里用 ArrayAdapter 作为适配器，使用系统提供的布局列表方式。下面是 adapter 的参数，其中，android.R.layout.simple_list_item_1 为系统提供的布局方式，仅仅显示一行数据；names 为定义的字符串数组。

ArrayAdapter<String> adapter = new ArrayAdapter<String>(this, android.R.layout.simple_list_item_1, names);

调用 setListAdapter 可将数据填充到 ListView 中。

(3) 定义 ListView 的事件监控 onListItemClick，当点击 ListView 中的元素时，会显示被点击的元素内容。

2. xml 配置方式

xml 配置方式的具体实现步骤如下：

(1) 在 res/layout 中添加新的配置文件 listview2.xml，然后添加 ListView 控件 listview。

(2) 新建 ListView2.java 文件，继承自 Activity。在这个 Activity 中获取 ListView 控件，用 ArrayAdapter 作为适配器，最后设置 ListView 的事件监控即可。

(3) 在 AndroidManifest.xml 文件中注册 ListView2 这个 Activity。

```
<Activity
    android:name=".ListView2"
    android:label="@string/app_title2">
</Activity>
```

3. 自定义方式

自定义方式主要是实现 ImageView 和 TextView 的组合。作为 ListView 数据显示，ImageView 调用系统图标，TextView 调用 ListViewExampleActivity 定义的 names 数组。具体实现步骤如下：

(1) 在 res/layout 目录创建 listview_item.xml 和 listview3.xml 两个配置文件。listview_item

使用水平线性布局来定义 ImageView 和 TextView 控件；listview3 使用垂直线性布局来定义 ListView 控件。

(2) 新建 ListView3.java 文件，继承自 Activity。在 ListView3 中创建内部类 ViewHolder 和 MyAdapter。其中 ViewHolder 用来将两种控件组合在一起；MyAdapter 是自定义的适配器，它继承自 BaseAdapter。当绘制 ListView 时首先会调用 MyAdapter 的 getCount 方法得到 ListView 的长度，然后调用 getView 方法逐一绘制每一行数据。

(3) 在 AndroidManifest.xml 文件中注册 ListView3 这个 Activity。

```
class ViewHolder
{
    ImageView image;
    TextView text;
}
public View getView(int position, View convertView, ViewGroup parent) {
    //这部分是自动产生方法桩
    ViewHolder viewHolder = null;
    if(convertView == null)
    {
        viewHolder = new ViewHolder();
        convertView = layoutInflater.inflate(R.layout.listview_item, null);
        viewHolder.image = (ImageView)convertView.findViewById(R.id.image);
        viewHolder.text = (TextView)convertView.findViewById(R.id.text);
        convertView.setTag(viewHolder);
    }
    else
    {
        viewHolder = (ViewHolder)convertView.getTag();
    }
    viewHolder.image.setImageDrawable(getResources().getDrawable(android.R.drawable.sym_
call_incoming));
    viewHolder.text.setText(ListViewExampleActivity.names[position]);
    return convertView;
}
```

4.1.11 Layout(界面布局)

如图 4.15 所示，Android 系统界面布局主要分为线性布局(Linear Layout)、相对布局(Relative Layout)、表单布局(Table Layout))和帧布局(Frame Layout)等。其中，线性布局又分为垂直线性布局和水平线性布局两种，绝对布局很少使用。

图 4.15　界面布局图

1. 垂直线性布局

垂直线性布局就是所有控件以垂直或纵向的形式一个个排列出来。图 4.16 为一个垂直线性布局的例子，其 xml 文件的代码如下：

```
<?xml version="1.0" encoding="utf-8"?>
<LinearLayout xmlns:android="http://schemas.android.com/apk/res/android"
    android:layout_width="match_parent"
    android:layout_height="match_parent"
    android:orientation="vertical" >
    <TextView
        android:layout_width="fill_parent"
        android:layout_height="wrap_content"
        android:layout_weight="1"
        android:background="@color/text1"
        android:layout_gravity="center_vertical" />
    <TextView
        android:layout_width="fill_parent"
        android:layout_height="wrap_content"
        android:layout_weight="1"
        android:background="@color/text2" />
    <TextView
        android:layout_width="fill_parent"
        android:layout_height="wrap_content"
        android:layout_weight="1"
        android:background="@color/text3" />
</LinearLayout>
```

图 4.16　垂直线性布局示例图

2. 水平线性布局

水平线性布局就是所有控件以水平或横向的形式一个个排列出来。图 4.17 为一个水平线性布局的例子，其 xml 文件的代码如下：

```xml
<?xml version="1.0" encoding="utf-8"?>
<LinearLayout xmlns:android="http://schemas.android.com/apk/res/android"
    android:layout_width="match_parent"
    android:layout_height="match_parent"
    android:orientation="horizontal" >
    <TextView
        android:layout_width="wrap_content"
        android:layout_height="fill_parent"
        android:layout_weight="1"
        android:background="@color/text1"
        android:layout_gravity="center_vertical" />
    <TextView
        android:layout_width="wrap_content"
        android:layout_height="fill_parent"
        android:layout_weight="1"
        android:background="@color/text2" />
    <TextView
        android:layout_width="wrap_content"
        android:layout_height="fill_parent"
        android:layout_weight="1"
        android:background="@color/text3" />
</LinearLayout>
```

图 4.17　水平线性布局示例图

3.　相对布局

　　相对布局的坐标取值范围是相对的。它不仅在 Android 布局中功能最为强大，而且可以设置的属性也最多，因此，这种布局方式使用最为广泛。

　　图 4.18 为一个相对布局的示例，其对应的代码如下：

```
<?xml version="1.0" encoding="utf-8"?>
<RelativeLayout xmlns:android="http://schemas.android.com/apk/res/android"
    android:layout_width="match_parent"
    android:layout_height="match_parent"
    android:orientation="vertical" >
    <EditText
        android:id="@+id/edittext"
        android:layout_width="fill_parent"
        android:layout_height="wrap_content" />
    <RelativeLayout
        android:layout_width="fill_parent"
        android:layout_height="wrap_content"
        android:layout_below="@id/edittext">
        <Button
            android:id="@+id/cancel"
            android:layout_width="wrap_content"
            android:layout_height="wrap_content"
            android:layout_alignParentRight="true"
            android:text="取消" />
        <Button
            android:id="@+id/sure"
```

```
        android:layout_width="wrap_content"
        android:layout_height="wrap_content"
        android:layout_toLeftOf="@id/cancel"
        android:text="确定" />
    </RelativeLayout>
</RelativeLayout>
```

图 4.18　相对布局示例图

纯线性布局的缺点是修改控件的显示位置很不方便，所以开发中经常会以线性布局与相对布局嵌套的形式设置布局。

4. 表单布局

表单布局就是把子视图定位到表单(行和列)中。在表单布局中可以设置 TableRow，也可以设置表格中每一行显示的内容和位置，还可以设置显示的缩进和对齐方式。

图 4.19 为一个表单布局的示例，其对应的代码如下：

```
<?xml version="1.0" encoding="utf-8"?>
<TableLayout xmlns:android="http://schemas.android.com/apk/res/android"
    android:layout_width="match_parent"
    android:layout_height="match_parent"
    android:stretchColumns="1" >
        <TableRow>
        <TextView
            android:layout_column="1"
                android:text="打开..."
            android:padding="3dip" />
        <TextView
            android:text="Ctrl-O"
            android:gravity="right"
            android:padding="3dip" />
    </TableRow>
```

```xml
<TableRow>
        <TextView
        android:layout_column="1"
        android:text="保存..."
        android:padding="3dip" />
    <TextView
        android:text="Ctrl-S"
        android:gravity="right"
        android:padding="3dip" />
</TableRow>
<TableRow>
    <TextView
        android:layout_column="1"
        android:text="另存为..."
        android:padding="3dip" />
    <TextView
        android:text="Ctrl-Shift-S"
        android:gravity="right"
        android:padding="3dip" />
</TableRow>
<View
    android:layout_height="2dip"
    android:background="#FF909090" />
<TableRow>
    <TextView
        android:text="*"
        android:padding="3dip" />
    <TextView
        android:text="导入..."
        android:padding="3dip" />
</TableRow>
    <TableRow>
    <TextView
        android:text="*"
        android:padding="3dip" />
    <TextView
        android:text="导出..."
        android:padding="3dip" />
    <TextView
```

```
                android:text="Ctrl-E"
                android:gravity="right"
                android:padding="3dip" />
        </TableRow>
        <View
            android:layout_height="2dip"
            android:background="#FF909090" />
        <TableRow>
            <TextView
                android:layout_column="1"
                android:text="退出"
                android:padding="3dip" />
        </TableRow>
    </TableLayout>
```

图 4.19　表单布局示例图

5. 帧布局

　　帧布局最简单，它是一种在屏幕上定制一个空白备用区域，然后在其中填充一个单一对象的布局方式。

　　切换卡也是布局中常用的一个工具，它通过多个标签切换来显示不同的内容。切换卡对应的布局可以通过将帧布局作为根布局，然后在其中添加 TextView 控件来显示标签的内容。

　　图 4.20 为切换卡的一个示例，其布局代码如下：

```
<?xml version="1.0" encoding="utf-8"?>
<TabHost xmlns:android="http://schemas.android.com/apk/res/android"
    android:id="@android:id/tabhost"
    android:layout_width="fill_parent"
    android:layout_height="fill_parent">
    <LinearLayout
        android:orientation="vertical"
        android:layout_width="fill_parent"
```

```
                android:layout_height="fill_parent">
            <TabWidget
                android:id="@android:id/tabs"
                android:layout_width="fill_parent"
                android:layout_height="wrap_content" />
            <FrameLayout
                android:id="@android:id/tabcontent"
                android:layout_width="fill_parent"
                android:layout_height="fill_parent">
                <TextView
                    android:id="@+id/textview1"
                    android:layout_width="fill_parent"
                    android:layout_height="fill_parent"
                    android:text="this is a tab" />
                <TextView
                    android:id="@+id/textview2"
                    android:layout_width="fill_parent"
                    android:layout_height="fill_parent"
                    android:text="this is another tab" />
                <TextView
                    android:id="@+id/textview3"
                    android:layout_width="fill_parent"
                    android:layout_height="fill_parent"
                    android:text="this is a third tab" />
            </FrameLayout>
        </LinearLayout>
</TabHost>
```

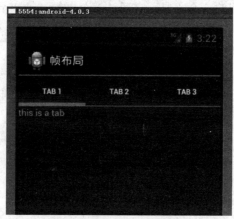

图 4.20　切换卡示例图

4.2　应用程序基础

Android 应用程序是用 Java 语言编写的，编译后的 Java 代码——包括应用程序要求的任何数据和资源文件，通过 AAPT(Android Asset Packaging Tool)工具捆绑成一个 Android 包，其归档文件以.apk 为后缀。这个文件是分发应用程序和安装到移动设备的中介或工具，由用户下载到他们的设备上。一个 apk 文件中的所有代码被认为是一个应用程序。

AAPT 工具包含在 SDK 的 tools/目录下，用于查看、创建、更新与 zip 兼容的归档文件(zip、jar、apk 格式文件)，它也能将资源文件编译成二进制包。

尽管可能不会经常直接使用 AAPT，但是构建脚本(Build Scripts)和 IDE 插件会使用这个工具来打包 apk 文件，构成一个 Android 应用程序。

如需了解 AAPT 更多的使用细节，则打开一个终端，进入 tools/目录，在 Linux 或 Mac 操作系统下运行"./aapt "，或在 Windows 操作系统下运行"aapt.exe"即可。

注意：tools/目录是指 Android SDK 目录下的/platforms/android-X/tools/。

Android 应用程序具有以下特征：

(1) 默认情况下，每一个应用程序都在自己的 Linux 进程中运行。当应用程序中的任何代码需要执行时，Android 将启动应用程序对应的进程；当不需要执行某个应用程序或系统资源被其他应用程序占用时，Android 将关闭应用程序对应的进程。

(2) 每个应用程序都对应一个 Java 虚拟机(VM)，因此每个应用程序的运行都独立于其他应用程序的运行。

(3) 默认情况下，Android 操作系统为每个应用程序分配唯一的 Linux 用户 ID，并且将权限设置为每个应用程序的文件仅对用户和应用程序本身可见，但使用一些方法可以使其他应用程序看到它。

(4) 在设置两个应用程序共享一个用户 ID 的情况下，这两个应用程序均能看到对方的文件。为了节省系统资源，具有相同 ID 的应用程序也可以安排在同一个 Linux 进程中，共享同一个 VM。

4.3　Intent(意图)

一个 Android 应用程序通常由活动(Activity)、服务(Service)、广播接收者(BroadCastReceiver)和内容提供者(ContentProvider)四个组件构成。这四个组件相互独立，但可以相互调用。Android 应用的基本设计理念是减少组件间的耦合。在 Android 系统中，Intent 提供了一种通用的消息系统，它允许在应用程序与其他应用程序之间传递 Intent 来执行动作和产生事件。

Intent 可分为显式意图和隐式意图两类。显式意图指在调用 Intent.SetClass()时明确指定了要传递的组件名。隐式意图指没有明确指定组件名，但 Android 系统会根据隐式意图中设置的动作(action)、类别(category)和数据(URI 和数据类型)找到最合适的组件来处理这个意图。显式意图在同一个应用内部使用，隐式意图在不同的应用之间使用。

使用 Intent 可以激活 Android 应用的三个核心组件：活动、服务和广播接收者。

Android 操作系统中，一个活动(Activity)表示一个可视化的用户界面，用于实现具有特定功能的事件。例如：一个活动可能表示一个用户可选择的菜单项列表，或者显示照片及其标题。对于文本短信应用程序，可以包含以下活动：显示联系人的名单发送信息；写信息给选定的联系人；重新查看旧信息或更改设置。虽然这些活动都包含在一个整体的用户界面中，但是每个活动之间相互独立。每个活动都是 Activity 基类的一个子类。因为几乎所有的活动都是与用户交互的，所以 Activity 基类通过方法 setContentView(View)来创建窗口，并将自己的 UI 放入其中。通常活动采用全屏或浮动窗口等方式，展示给用户或嵌入在另一个活动中。下面两个方法是几乎所有的 Activity 子类都能实现的：

(1) onCreate(Bundle)：初始化活动(Activity)，比如完成一些图形的绘制。需要说明的是，在这个方法里通常用布局资源(Layout Resource)调用 setContentView (int)方法定义 UI，用 findViewById(int)在 UI 中检索需要编程的交互小部件(widgets)。setContentView 指定由哪个文件指定布局(main.xml)，可以将这个界面显示出来，然后进行相关操作，操作会被包装成为一个意图，然后这个意图对应相关的 Activity 进行处理。

(2) onPause()：处理当离开活动时要做的事情。最重要的是，用户做的所有改变应该在这里提交(通常 ContentProvider 保存数据)。

一个应用程序可以只包含一个活动，也可以包含几个活动。这些活动的内容和数量取决于它的应用和设计。一般来讲，当启动应用程序时，展示给用户的应该是被标记为第一个的活动。当前的活动完成后，就会移动到下一个活动。

每一个活动都有一个默认的窗口。一般来讲，窗口会填满整个屏幕，但也可以比屏幕小或浮在其他窗口上。一个活动还可以使用额外的窗口，例如：弹出式对话框，或当用户选择屏幕上一个特定项时，会出现一个窗口为用户显示重要的信息。

窗口的可视内容由继承自 View 基类的一个分层的视图对象提供。每个视图控件是窗口内的一个特定的矩形空间。父视图包含和组织子女视图的布局，叶子视图(在分层的底层)绘制的矩形直接控制和响应用户的操作。因此，一个视图是活动与用户交互发生的地方。例如：一个视图可显示一个小的图片和当用户点击图片时发起一个行为。Android 操作系统有一些现成的视图供用户使用，包括按钮(Button)、文本域(Text Field)、滚动条(Scroll Bar)、菜单项(Menu Item)、复选框(Check Box)等。

通过 Activity.setContentView()方法可在一个活动窗口中放置一个视图层次。内容视图(Content View)是层次结构的根视图对象。视图的层次结构如图 4.21 所示。

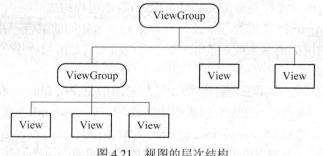

图 4.21　视图的层次结构

4.4 Service(服务)

服务(Service)没有可视化的用户界面，而是在后台无期限地运行。例如，服务可以是播放背景音乐，也可以是从网络获取数据，或是进行计算并将结果提供给需要的活动。每个服务都继承自 Service 基类。

每个服务类在 AndroidManifest.xml 中有相应的 <service> 声明。服务可以通过 Context.startService() 和 Context.bindService() 启动。

关于服务的典型例子是一个媒体播放器播放列表中的歌曲。该播放器应用程序可以有一个或多个活动，允许用户选择和播放歌曲。然而，音乐播放事件本身不会被一个活动处理，因为当用户离开播放器去做其他事情时，用户有可能仍希望音乐继续播放。为此，媒体播放器活动可以在后台启动并运行一个服务。这样，即使当媒体播放器离开屏幕时，系统也会保持音乐播放服务一直运行。

该播放器应用程序可以连接(绑定)到一个持续运行的服务(并启动服务，如果它尚未运行)。连接之后，可以通过服务显示的接口与服务进行互动。对于音乐播放服务，这个接口可以允许用户暂停、倒带、停止和重新播放。

和其他组件一样，服务运行在应用程序进程中的主线程中，因此，服务不会阻止其他组件或用户界面运行，但会产生一些耗时的任务(如音乐播放)。

4.5 BroadCastReceiver(广播接收者)

广播接收者(BroadCast Receiver)组件用来接收广播公告并做出响应。许多广播源自系统代码，例如：时区的改变、电池电量低、用户改变语言设置等公告。应用程序也可以发起广播公告，例如为了让其他程序知道某些数据已经下载到设备中并可以使用这些数据。

对于一个应用程序，可以有任意数量的广播接收者去响应任何它认为重要的公告。所有的广播接收者都继承自 BroadcastReceiver 基类。

BroadcastReceiver 类是接收 SendBroadcast 发送的意图的基类，可以用 Context.register-Receiver() 注册这个类的实例，或者通过 AndroidManifest.xml 中的 <receiver> 标签静态地发布。

注意：如果在 Activity.onResume() 创建了一个广播接收者，就应该在 Activity.onPause() 中进行注销。这是因为当程序运行暂停时就会收到意图，注销广播接收者将削减不必要的系统开销。注意不要在 Activity.onSaveInstanceState() 中注销广播接收者，因为如果移动到先前的堆栈，就不会调用广播接收者。

下面是两种主要的可接受的广播类型：

正常广播(由 Context.sendBroadcast 发送)：所有的广播接收者以无序方式运行，但可在同一时间接收。这种方式是完全异步的，效率较高，但是意味着广播接收者不能使用结果或终止广播数据传播。

有序广播(由 Context.sendOrderedBroadcast 发送)：一次给一个广播接收者进行传递。每个广播接收者依次执行，它可以传播到下一个接收者，也可以完全终止传播而不传递给其他广播接收者。广播接收者的运行顺序可由匹配的意图过滤器(Intent-filter)的 android:priority 属性来控制。

广播接收者不以用户界面的形式展示，而是通过启动一个活动去响应收到的信息，或使用 NotificationManager 通知用户。通知可以使用闪烁的背光、振动设备、播放声音等多种方式引起用户的注意。通常在状态栏中设计一个持久的图标栏，供用户打开以获取信息。

4.6　ContentProvider(内容提供者)

内容提供者(Content Provider)将一个应用程序的指定数据集提供给其他应用程序。这些数据可以以任何合理的方式存储在文件系统或 SQLite 数据库中。内容提供者继承自 ContentProvider 基类并实现了一个标准的方法集，使得其他应用程序可以检索和存储数据。然而，应用程序并不直接调用这些方法，而是使用 ContentResolver 对象并调用它所对应的方法。ContentResolver 能与任何内容提供者进行通信，并与其共同管理相关进程间的通信。

内容提供者是 Android 应用程序的主要组成部分之一，可为应用程序提供内容，还可封装数据并通过单个 ContentResolver 接口传递给应用程序。只有在多个应用程序间共享数据时才需要使用内容提供者。例如：通讯录数据被多个应用程序使用，但其只能且必须存储在一个内容提供者中。如果不需要在多个应用程序间共享数据，则可以直接使用 SQLiteDataBase。

当 ContentResolver 发出一个请求时，系统检查给定 URI 的权限并将请求传递给内容提供者进行注册。内容提供者利用 UriMatcher 类来解析 URIs。

此应用程序需要实现的方法主要如下：

(1) query(ri, String[], String, String[], String)：返回数据给调用者。

(2) insert(ri, ContentValues)：插入数据到内容提供者。

(3) update(ri, ContentValues, String, String[])：更新内容提供者已存在的数据。

(4) delete(ri, String, String[])：从内容提供者中删除数据。

(5) getType(ri)：返回内容提供者中的 MIME 类型数据。

更多关于 ContentResolver 的信息，请读者查看相关文档。

4.7　Activity Lifecycle(活动生命周期)

一个活动有三个基本状态：激活状态(运行状态)、暂停状态和停止状态。随着活动从一个状态转移到另一个状态，可通过调用下列受保护的方法通知该改变：

- void onCreate()
- void onStart()

- void onRestart()
- void onResume()
- void onPause()
- void onStop()
- void onDestroy()

这七个方法定义了活动的整个生命周期，如图 4.22 所示。它有三个嵌套的循环，其中深色的椭圆框表示活动的主要状态，矩形框表示当活动在状态之间转换时可以执行的回调方法。

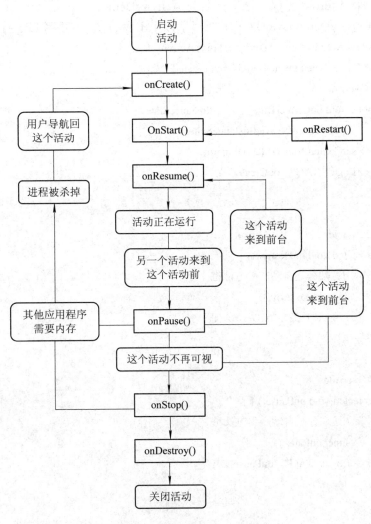

图 4.22　Activity 的生命周期图

Activity 其实是继承了 ApplicationContext 类，采用以下方法重写：

```
public class Activity extends ApplicationContext {
    protected void onCreate (Bundle savedInstanceState);
    protected void onStart ();
```

```
protected void onRestart ();
protected void onResume ();
protected void onPause ();
protected void onStop ();
protected void onDestroy ();
}
```

为了便于理解，这里有一个简单的实例程序，不了解 Activity 周期的读者可以按照下列步骤来操作：

(1) 新建一个 Android 工程，这里命名为 ActivityDemo。

(2) 修改 ActivityDemo.java (这里重新写了以上七种方法，主要用 Log 打印)，代码如下：

```
public class ActivityDemoActivity extends Activity {
    /** Called when the activity is first created. */
    @Override
    public void onCreate(Bundle savedInstanceState) {
        super.onCreate(savedInstanceState);
        setContentView(R.layout.main);
        Log.d("TAG", "onCreate()");
    }

    @Override
    protected void onDestroy() {
        //这部分是自动产生方法桩
        super.onDestroy();
        Log.d("TAG", "onDestroy()");
    }

    @Override
    protected void onPause() {
        //这部分是自动产生方法桩
        super.onPause();
        Log.d("TAG", "onPause()");
    }

    @Override
    protected void onRestart() {
        //这部分是自动产生方法桩
        super.onRestart();
        Log.d("TAG", "onRestart()");
    }
```

```java
@Override
protected void onResume() {
    //这部分是自动产生方法桩
    super.onResume();
    Log.d("TAG", "onResume()");
}

@Override
protected void onStart() {
    //这部分是自动产生方法桩
    super.onStart();
    Log.d("TAG", "onStart()");
}

@Override
protected void onStop() {
    //这部分是自动产生方法桩
    super.onStop();
    Log.d("TAG", "onStop()");
}
}
```

(3) 运行上述程序，效果如图 4.23 所示。

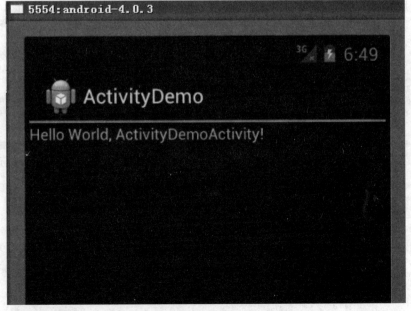

图 4.23　活动生命周期的运行效果图

打开 Logcat 视窗，应用程序中先后执行了 onCreate()、onStart()、onResume()三个方法。LogCat 视窗如图 4.24 所示。

D	06-05 06:55:36.158	1094	com.test.activitydemo	TAG	onCreate()
D	06-05 06:55:36.158	1094	com.test.activitydemo	TAG	onStart()
D	06-05 06:55:36.158	1094	com.test.activitydemo	TAG	onResume()

图 4.24   LogCat 视窗

当按下键盘上的 Back space 键时，这个应用程序将结束，此时调用了 onPause()、onStop()、onDestory()三个方法，如图 4.25 所示。

D	06-05 07:00:56.938	1094	com.test.activitydemo	TAG	onPause()
W	06-05 07:00:56.999	89	system_process	NetworkManage...	setKernelCountSet(10046, 1) failed with errno -2
I	06-05 07:00:58.128	89	system_process	ActivityManager	No longer want com.android.settings (pid 210): hidden #16
W	06-05 07:00:58.140	89	system_process	NetworkManage...	setKernelCountSet(10047, 0) failed with errno -2
D	06-05 07:00:58.340	1094	com.test.activitydemo	TAG	onStop()
D	06-05 07:00:58.340	1094	com.test.activitydemo	TAG	onDestroy()

图 4.25   调用 onPause()、onStop()、onDestory()三个方法

打开某个应用程序，比如浏览器，若在浏览新闻的同时又想播放歌曲，则按下键盘上的 Home 键，再打开音乐播放器即可。当按下 Home 键时，Activity 先后执行了 onPause()、onStop()这两个方法，可见应用程序并没有关闭，如图 4.26 所示。

W	06-05 07:02:30.228	89	system_process	WindowManager	Failure taking screenshot for (180x300) to layer 21040
D	06-05 07:02:30.248	1094	com.test.activitydemo	TAG	onPause()
W	06-05 07:02:30.298	89	system_process	NetworkManage...	setKernelCountSet(10013, 1) failed with errno -2
D	06-05 07:02:32.319	1094	com.test.activitydemo	TAG	onStop()
W	06-05 07:02:32.348	89	system_process	NetworkManage...	setKernelCountSet(10047, 0) failed with errno -2

图 4.26   执行 onPause()、onStop()两个方法

当再次启动 ActivityDemo 应用程序时，则分别执行了 onRestart()、onStart()、onResume()三个方法，如图 4.27 所示。

W	06-05 07:03:30.120	89	system_process	WindowManager	Failure taking screenshot for (180x300) to layer 21040
W	06-05 07:03:30.179	89	system_process	NetworkManage...	setKernelCountSet(10047, 1) failed with errno -2
D	06-05 07:03:30.219	1094	com.test.activitydemo	TAG	onRestart()
D	06-05 07:03:30.219	1094	com.test.activitydemo	TAG	onStart()
D	06-05 07:03:30.219	1094	com.test.activitydemo	TAG	onResume()
W	06-05 07:03:31.108	89	system_process	InputManagerS...	Starting input on non-focused client com.android.internal.view.IInputMe

图 4.27   执行 onRestart()、onStart()、onResume()三个方法

注意：当按下 Home 键，再进入 ActivityDemo 应用程序时，其状态应该与按下 Home 键前一致。

第 5 章 Android 数据存储

由于数据存储在 Android 应用程序开发中使用得非常频繁，因此 Android 操作系统提供了五种存储数据方式：SharedPreferences 存储方式、文件(File)存储方式、SQLite 数据库(DataBase)存储方式、ContentProvider 存储方式和网络存储方式。前面四种存储方式都将数据存储在本地设备上，而最后一种存储方式是通过调用 WebService 返回的数据或是解析 HTTP 协议实现网络数据的交互的。

5.1 SharedPreferences 存储方式

SharedPreferences 存储方式是 Android 系统提供的，一种用来存储一些简单配置信息的轻量级的存储类型，例如：登录用户的用户名与密码。这种存储方式采用 Map 数据结构来存储数据，以键值(key-value)的方式进行存储，可以实现简单的读取与写入。

SharedPreferences 对象本身只能获取数据而不支持存储和修改，存储和修改是通过 Editor 对象实现的。SharedPreferences 广泛支持各种基本数据类型，包括整型、布尔型、浮点型和长型等。

实现 SharedPreferences 存储的示例步骤如下：

(1) 根据 Context 获取 SharedPreferences 对象。

(2) 利用 Edit()方法获取 Editor 对象。

(3) 通过 Editor 对象存储 key-value 键值数据。

(4) 通过 Commit()方法提交数据。

(5) 使用 Logcat 进行输出。

在使用 SharedPreferences 之前，需要先定义 SharedPreferences 的访问模式。在 Android 系统中通常有四种访问模式，即私有(MODE_PRIVATE)、追加(MODE_APPEND)、全局读(MODE_WORLD_READABLE)和全局写(MODE_WORLD_WRITEABLE)模式。私有模式为默认模式，只有创建程序有权限进行读取或写入；追加模式会检查文件是否存在，存在就往文件追加内容，否则就创建新文件；全局读模式下，不仅创建程序可以进行读取或写入，其他应用程序也有读取操作的权限，但没有写入操作的权限；全局写模式下，创建程序和其他程序都可以进行写入操作，但没有读取的权限。

一个实现 SharedPreferences 存储的实例代码如下：

```
//获取 SharedPreferences 对象
SharedPreferences user = getSharedPreferences("user_info", MODE_PRIVATE);
//存入数据
```

```
Editor editor = user.edit();

editor.putString("NAME", "hello");

editor.putString("PASSWORD", "123456");

editor.commit();


//读取数据并在 Logcat 中输出

name = user.getString("NAME", "none");

password = user.getString("PASSWORD", "none");


Log.d("Name:Password", name + ":" + password);
```
输出结果如图 5.1 所示。

I	06-06 02:29:55.613	524		dalvikvm	threadid=3: reacting to signal 3
I	06-06 02:29:55.727	524		dalvikvm	Wrote stack traces to '/data/anr/traces.txt'
D	06-06 02:29:55.933	524	com.test.sharedpre...	Name:Password	hello:123456
I	06-06 02:29:56.103	78	system_process	Process	Sending signal. PID: 524 SIG: 3

图 5.1   LogCat 输出结果图

在上面的代码中，getSharedPreferences(name,mode)函数的第一个参数用于指定该文件的名称，该名称不用带后缀，后缀会由 Android 系统自动加上；第二个参数指定文件的访问模式。

实际上 SharedPreferences 是采用 xml 文件格式将数据存储到设备中的，文件存放在 File Explorer 中的/data/data/<package name>/shares_prefs 目录下。如果希望 SharedPreferences 使用的 xml 文件能被其他应用读和写，则可以指定 Context.MODE_WORLD_READABLE 和 Context.MODE_WORLD_WRITEABLE 权限。以上面的数据存储结果为例，打开后可以看到一个 user_info.xml 的文件，打开这个文件便可以看到图 5.2 和如下代码：

```
<?xml version='1.0' encoding='utf-8' standalone='yes' ?>

<map>

<string name="PASSWORD">123456</string>

<string name="NAME">hello</string>

</map>
```

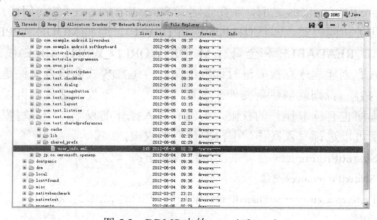

图 5.2   DDMS 中的 user_info.xml

注意：SharedPreferences 存储方式只能在同一个包内使用，不能被不同的包使用。

5.2   File(文件)存储方式

Android 使用的是基于 Linux 的文件系统，程序开发人员可以建立和访问程序自身的私有文件，也可以访问保存在资源目录中的原始文件和 xml 文件，还可以在 SD 卡等外部存储设备中保存文件。

5.2.1   内部存储

文件存储方式是一种较常用的方法，在 Android 操作系统中读取和写入文件的方法与 Java 中实现 I/O 的方法是完全一样的，它利用系统提供的 openFileOutput()和 openFileInput() 两个函数来读写设备上的文件。

在 Android 操作系统中，文件存储具体是通过 Context.openFileOutput(String fileName, int mode)和 Context.openFileInput(String fileName)来实现的。

Context.openFileOutput(String fileName,int mode) 中的第一个参数用于指定文件名称，如果文件不存在， Android 系统会自动创建它。创建的文件自动存储在/data/data/ <PackageName>/files 目录下，其全路径是/data/data/<Package Name>/files/fileName。注意：这里的参数 fileName 不可以包含路径分割符(如"/")。Context.openFileOutput(String fileName,int mode)中的第二个参数用于指定访问模式(同 SharedPreferences 存储方式)。

通常来说，这种方式生成的文件只能在这个应用程序(apk)内访问，但这个结论是指使用 Context.openFileInput(String fileName)的方式。使用这种方式，每个 apk 只可以访问自己的/data/data/<Package Name>/files 目录下的文件，这是因为参数 fileName 中不可以包含路径分割符，Android 会自动在/data/data/<Package Name>/files 目录下寻找文件名为 fileName 的文件。

下面是一个将编辑框数据存储到文件中的示例，当点击按钮时，编辑框中的数据会存储到文件中，然后读取文件并在 TextView 中显示文件内容。具体步骤如下：

(1) 创建名为"FileExample"的 Android 工程，在界面配置文件中添加 EditText、Button 和 TextView 控件，TextView 用于显示文件信息。

(2) 添加 Button 事件监听，当点击 Button 时将数据存储到文件 test.data 中，并从 test .data 中读取数据后在 TextView 中显示。

```
button.setOnClickListener(new Button.OnClickListener()
{
    @Override
    public void onClick(View v) {
        //这部分是自动产生方法桩
        try
        {
            //写入数据
```

```
FileOutputStream fos = openFileOutput("test.data",MODE_PRIVATE);
fos.write(editText.getText().toString().getBytes());
fos.close();

//读取数据
FileInputStream fis = openFileInput("test.data");
ByteArrayOutputStream bs = new ByteArrayOutputStream();
byte[] str = new byte[1024];
int len = -1;
while((len = fis.read(str)) >-1)
{     bs.write(str,0, len);
}
textView.setText(bs.toString());
fis.close();
}
catch(FileNotFoundException e)
{
    //这部分是自动产生的 catch 块
    Toast.makeText(FileExampleActivity.this,e.getMessage(),Toast.LENGTH_SHORT).show();
}
catch(IOException e)
{
        //这部分是自动产生的 catch 块
    Toast.makeText(FileExampleActivity.this,e.getMessage(),Toast.LENGTH_SHORT).show();
}
}
});
```

程序运行结果如图 5.3 所示。

图 5.3　File 示例图

除此之外，Android 还提供了其他函数来操作文件，详细说明可以参阅 Android SDK 中的帮助文档。

5.2.2 外部存储

通常使用 Activity 的 openFileOutput()方法保存的文件是存放在手机内部空间中的。一般手机的存储空间不是很大，只适合存放些小文件，如果要存放像视频这样的大文件则是不可行的。对于像视频这样的大文件，我们可以把视频存放在 SD 存储卡(Secure Digital Memory Card，简称为 SD 卡)上。Android 系统的外部存储设备指的就是 SD 卡。

SD 卡是一种类似于移动硬盘或 U 盘的的记忆卡，它适用于保存大尺寸的文件或者是一些无需设置访问权限的文件，可以保存大容量的视频文件和音频文件等。SD 卡使用的是 FAT(File Allocation Table)的文件系统，不支持访问模式和权限控制，但可以通过对 Linux 文件系统的文件访问权限的控制来保证文件的私密性。

虽然并不是所有的 Android 手机都有 SD 卡，但 Android 系统还是提供了对 SD 卡的便捷访问方法。Android 模拟器支持 SD 卡，但模拟器中没有缺省的 SD 卡，开发人员须在模拟器中手工添加 SD 卡的镜像文件。

在 Android 模拟器中使用 SD 卡，需要首先创建一张 SD 卡(当然不是真的 SD 卡，只是镜像文件)。创建 SD 卡可以在 Eclipse 创建模拟器时随同创建，也可以使用 DOS 命令进行创建，操作方法如下：

在 DOS 窗口中进入 Android SDK 安装路径的 tools 目录，输入以下命令创建一张容量为 2 GB 的 SD 卡(文件后缀可以随便取，建议使用.img)：

> mksdcard 2048M D:\AndroidTool\sdcard.img

如果在程序中要访问 SD 卡，则需要申请访问 SD 卡的权限。在 AndroidManifest.xml 中加入访问 SD 卡的权限的方法如下：

> <!-- 在 SD 卡中创建与删除文件的权限 -->
>
> <uses-permission android:name="android.permission.MOUNT_UNMOUNT_FILESYSTEMS"/>
>
> <!-- 往 SD 卡写入数据的权限 -->
>
> <uses-permission android:name="android.permission.WRITE_EXTERNAL_STORAGE"/>

如果要在 SD 卡中存放文件，则程序必须先判断手机是否装有 SD 卡、是否可以进行读/写。示例如下：

> if(Environment.getExternalStorageState().equals(Environment.MEDIA_MOUNTED)){
>
>   File sdCardDir = Environment.getExternalStorageDirectory();   //获取 SD 卡目录
>
>   File saveFile = new File(sdCardDir, "itcast.txt");
>
> FileOutputStream outStream = new FileOutputStream(saveFile);
>
> outStream.write("传智播客".getBytes());
>
> outStream.close();
>
> }

Environment.getExternalStorageState()函数用于获取 SD 卡的状态，如果手机装有 SD 卡，并且可以进行读/写，那么方法返回的状态等于 Environment.MEDIA_MOUNTED。Environment.getExternalStorageDirectory()函数用于获取 SD 卡的目录。

5.3 SQLite 数据库存储方式

SQLite 是轻量级嵌入式数据库引擎，它支持 SQL 语言，占用内存少，运行高效可靠，可移植性好，而且它是开源的，任何人都可以使用它。SQLite 数据库屏蔽了数据库使用和管理的复杂性，程序仅需要进行最基本的数据操作，其他操作可以交给进程内部的数据库引擎完成。

SQLite 数据库采用模块化设计，由 SQL 编译器、内核(虚拟机)、后端和接口等几个组件组成，如图 5.4 所示。接口由 SQLite C API 组成，因此无论是应用程序、脚本，还是库文件，最终都是通过接口与 SQLite 交互。编译器由分词器、分析器和代码生成器组成，分词器和分析器对 SQL 语句进行语法检查，然后把 SQL 语句转化为底层能更方便处理的分层的数据结构(称为"语法树")，把语法树传给代码生成器进行处理，生成一种针对 SQLite 的汇编代码，最后由虚拟机执行。

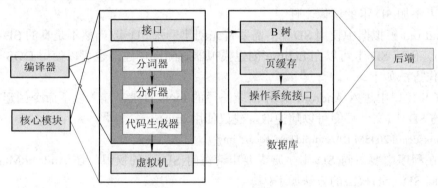

图 5.4 SQLite 数据库组成

虚拟机是 SQLite 数据库体系结构的最核心部分，也称为虚拟数据库引擎(Virtual Database Engine，VDBE)。与 Java 虚拟机相似，虚拟数据库引擎用来解释执行字节代码，其字节代码由 128 个操作码构成，这些操作码主要用以对数据库进行操作，每一条指令都可以完成特定的数据库操作，或以特定的方式处理栈的内容，这样就使调试、修改和扩展 SQLite 的内核非常方便。

后端由 B 树、页缓存和操作系统接口构成。B 树主要完成索引功能，它维护着各个页面之间的复杂关系，便于快速找到所需数据。页缓存的主要作用就是通过操作系统接口在 B 树和磁盘之间传递页面，而 B 树和页缓存共同对数据进行管理。

Android 系统集成了 SQLite 数据库,每个 Android 应用程序在运行时都可以使用 SQLite 数据库。对于熟悉 SQL 的开发人员来说，在 Android 开发中使用 SQLite 相当简单。但是，由于 JDBC(Java Data Base Connectivity,Java 数据库连接)会消耗太多的系统资源,所以 JDBC 对于手机这种内存受限设备来说并不合适。因此，Android 系统提供了一些新的应用程序接口(API)来使用 SQLite 数据库，在 Android 系统开发中，编程人员需要学会使用这些 API。

数据库方式存储的数据放在 data/<PackageName>/databases/下。Android 系统开发中使用 SQLite 数据库，Activites 可以通过 Content Provider 或者 Service 访问一个数据库。

数据库操作包括创建数据库、创建表格、添加数据、删除数据、修改数据和查询数据等一系列工作。在 Android 操作系统中封装了一个 SQLiteDatabase 类，可以实现这些操作。

1．创建数据库

数据库的创建可由手动或由 SQLiteOpenHelper 类自动完成。在创建完成后系统会返回一个 SQLiteDatabase 类，例如：

```
try {
SQLiteOpenHelper dbHelper= new SQLiteOpenHelper(context,DBName,null,1);
db = dbHelper.getWritableDatabase();
    } catch (SQLiteException ex) {
db = dbHelper.getReadableDatabase();
    }
```

其中参数 DBName 是数据库的名称。利用 getWritableDatabase()获取数据库对象，如果数据库不存在就会新建一个数据库。由于手机的资源有限，有时空间不足而无法再写入数据，因此当获取可读/写数据库失败时可以在 catch 中调用 getReadableDatabase 来获取只读数据库。

2．创建表格

创建表格的方法很简单，与 SQL 很类似，只是一些语法细节不同，例如：

```
db.execSQL("create table tableName (id integer primary key autoincrement,name text not null);");
```

3．添加数据

添加数据可以通过执行一条 SQL 插入语句来完成，例如：

```
db.execSQL("insert into tableName(KEY_TASK, KEY_CREATION_DATE) values(value1,value2);");
```

也可以通过调用 insert 的方法来实现，例如：

```
ContentValues newTaskValues = new ContentValues();
newTaskValues.put(KEY_TASK, value1);
newTaskValues.put(KEY_CREATION_DATE, value2);
db.insert(DATABASE_TABLE, null, newTaskValues);
```

4．删除数据

删除数据可以通过执行一条 SQL 删除语句来完成，例如：

```
db.execSQL("delete form tableName where conditions;");
```

也可以通过调用 delete 的方法来实现，例如：

```
db.delete(tableName, "id=" + _rowIndex, null);
```

5．修改数据

修改数据可以通过执行一条 SQL 更新语句来完成，例如：

```
db.execSQL("update tableName set newValue where conditions;");
```

也可以通过调用 update 的方法来实现，例如：

```
ContentValues newValue = new ContentValues();
newValue.put(KEY_TASK, _task);
```

```
db.update(DATABASE_TABLE, newValue,    KEY_ID + "=" + _rowIndex, null);
```
6．查询数据

查询数据可以通过执行一条 SQL 查询语句来完成，例如：
```
db.execSQL("select * from tableName where conditions;")
```
也可以通过调用 query 的方法来实现，例如：
```
Cursor result =db.query(DATABASE_TABLE,
new String[] { KEY_ID, KEY_TASK, KEY_CREATION_DATE},
null, 条件, null, null, null);
```
这里，查询后返回的是一个 Cursor(游标)，可以通过该游标来获取数据，使用方法与 Java 程序一样。

5.4 ContentProvider 存储数据

ContentProvider 是所有应用程序之间数据存储和检索的桥梁，其作用就是使各个应用程序之间实现数据共享。在 Android 系统中，数据(文件数据和数据库数据以及一些其他类型的数据)是私有的，两个程序之间的数据进行交换是通过 ContentProvider 完成的。

由上面几节可知，虽然有多种共享数据方式，但数据访问方式会因数据存储的方式而不同，如：采用文件方式对外共享数据，需要进行文件操作读/写数据；采用 sharedpreferences 共享数据，需要使用 sharedpreferences API 读/写数据。一个 ContentProvider 类实现了一组标准的方法接口，它能够让其他的应用保存或读取此 ContentProvider 的各种数据类型。使用 ContentProvider 共享数据的优点是统一了数据访问方式。

当应用需要通过 ContentProvider 对外共享数据时，第一步需要继承 ContentProvider 并重载六个函数，例如：
```
public class PersonContentProvider extends ContentProvider{
public boolean onCreate()
public Uri insert(Uri uri, ContentValues values)
public int delete(Uri uri, String selection, String[] selectionArgs)
public int update(Uri uri, ContentValues values, String selection, String[] selectionArgs)
public Cursor query(Uri uri, String[] projection, String selection, String[] selectionArgs, String
sortOrder)
public String getType(Uri uri)}
```
第二步需要在 AndroidManifest.xml 中使用<provider>对该 ContentProvider 进行配置。为了能让其他应用找到该 ContentProvider，ContentProvider 采用了 authorities(主机名/域名)对它进行唯一标识，例如：
```
<manifest .... >
<application android:icon="@drawable/icon" android:label="@string/app_name">
<provider android:name=".PersonContentProvider"
android:authorities="cn.itcast.provider. personprovider"/>
```

```
        </application>
    </manifest>
```

注意：一旦应用继承了 ContentProvider 类，后面我们就会把这个应用称为 ContentProvider(内容提供者)。

一个程序可以通过实现一个 ContentProvider 的抽象接口将自己的数据完全暴露出去，而且 ContentProviders 以类似数据库中表的方式将数据暴露，也就是说 ContentProvider 就像一个"数据库"。外界获取其提供的数据，就像是从数据库中获取数据的操作基本一样，只不过是采用 URI(通用资源标志符)来表示外界需要访问的"数据库"，如图 5.5 所示。程序开发人员使用 ContentResolver 对象与 ContentProvider 进行交互，而 ContentResolver 则通过 URI 确定需要访问的 ContentProvider 的数据集。

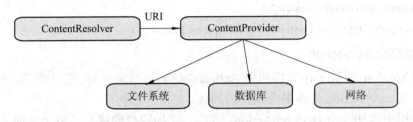

图 5.5   ContentProvider 调用关系

在发起一个请求的过程中，Android 首先根据 URI 确定处理这个查询的 ContentResolver，然后初始化ContentResolver所有需要的资源，这个初始化的工作是Android 系统自动完成的，无需程序开发人员参与。

应当强调，调用者并不能直接调用 ContentProvider 的接口函数，而是需要使用 ContentResolver 对象，通过 URI 间接调用 ContentProvider。

URI 用来定位任何远程或本地的可用资源，ContentProvider 使用的 URI 语法结构如下：

content://<authority>/<data_path>/<id>

其中，content://是通用前缀，表示该 URI 用于 ContentProvider 定位资源，无需修改；<authority>是授权者名称，用来确定具体由哪一个 ContentProvider 提供资源，通常<authority>都由类的小写全称组成，以保证唯一性；<data_path>是数据路径，用来确定请求的是哪个数据集；<id>是数据编号，用来唯一确定数据集中的一条记录，以及匹配数据集中_ID 字段的值。

ContentProvider 提供了一种多应用间数据共享的方式，比如：联系人信息可以被多个应用程序访问。ContentProvider 是实现了一组用于提供其他应用程序存取数据的标准方法的类。应用程序可以在 ContentProvider 中执行查询数据、修改数据、添加数据和删除数据等操作。

5.5   网络存储数据

网络存储就是通过网络上提供的存储空间来上传(存储)和下载(获取)数据的方式。下面以网络数据交互为例来介绍 Android 系统网络存储数据的方式。

5.5.1　创建 Web 应用服务

在 Android 系统中实现网络存储，首先要创建一个动态 Web 应用。这里使用 Eclipse3.5 来创建，并用 Struts1 来处理用户请求。步骤如下：

1. 创建动态 Web 工程

在 Eclipse3.5 开发环境中，依次在目录 File→New→Other→Web 下选择 Dynamic Web Project 项创建一个动态 Web 工程，添加工程名称和工具集，加载 Tomcat 服务，选择 Tomcat 版本和配置。示例代码如下：

```
Project name:AndroidWebServer
Target runtime:Apache Tomcat v6.0
Dynamic web module version:2.5
Configuration:Default Configuration for Apache Tomcat v6.0
```

2. 添加 DispatchAction

DispatchAction 是 Struts1 软件包下 Action 类的一个抽象子类，它封装了一些基础方法，用来解决使用一个 Action 处理多个操作的问题。

在此应用中添加一个 DispatchAction，并为它添加四种创建方式用于处理 Android 以各种方式提交的请求，代码如下：

```
package com.changcheng.web.struts.actions;
import java.io.File;
import java.io.FileOutputStream;
import javax.servlet.http.HttpServletRequest;
import javax.servlet.http.HttpServletResponse;
import org.apache.struts.action.ActionForm;
import org.apache.struts.action.ActionForward;
import org.apache.struts.action.ActionMapping;
import org.apache.struts.actions.DispatchAction;
import com.changcheng.web.struts.forms.DataForm;

public class AndroidWebServer extends DispatchAction {

    // Andoird 操作系统以 Get 方式发送的请求
    public ActionForward sendDataByGet (ActionMapping mapping, ActionForm form,
    HttpServletRequest request, HttpServletResponse response)
    throws Exception {
        String name = request.getParameter ("name");
        request.setAttribute ("message", "Hello " + name);
        return mapping.findForward ("success");
    }
```

```
// Andoird 操作系统以 Post 方式发送的请求
public ActionForward sendDataByPost (ActionMapping mapping, ActionForm form,
HttpServletRequest request, HttpServletResponse response)
throws Exception {
        String name = request.getParameter ("name");
        request.setAttribute ("message", "Hello " + name);
        return mapping.findForward ("success");
}


// Andoird 操作系统以表单方式发送的请求
public ActionForward sendDataByForm (ActionMapping mapping, ActionForm form,
HttpServletRequest request, HttpServletResponse response)
throws Exception {
        DataForm formbean = (DataForm) form;
        System.out.println ("StrData:" + formbean.getStrData ());
        // 获取上传的文件
        if    (formbean.getFileData () != null
        && formbean.getFileData ().getFileSize () > 0) {
                // 设置保存目录
                File dir = new File (request.getSession ().getServletContext ()
                .getRealPath ("/images"));
                if    (!dir.exists ())
                    ir.mkdirs ();
                // 保存文件
                FileOutputStream outStream = new FileOutputStream (new File (dir,
                formbean.getFileData ().getFileName ()));
                outStream.write (formbean.getFileData ().getFileData ());// 保存文件
                outStream.close ();
        }
                return null;
        }
}
```

3. 向 web.xml 中添加 Struts1 的 ActionServlet

ActionServlet 类是 Struts 框架的内置核心控制组件,其作用主要是用来接收用户的请求信息,然后根据系统配置要求将请求传递给相应的 Action 对象。ActionServlet 是一个标准的 Servlet,在 web.xml 文件中配置 ActionServlet 用于拦截所有的 HTTP 请求。

在 Web 工程的 web.xml 文件中添加 Structs1 的 ActionServlet 配置说明信息,代码如下:

```
        <servlet>
```

```
                  <servlet-name>struts</servlet-name>
                  <servlet-class>org.apache.struts.action.ActionServlet</servlet-class>
                  <init-param>
                        <param-name>config</param-name>
                        <param-value>/WEB-INF/struts-config.xml</param-value>
                  </init-param>
            </servlet>
            <servlet-mapping>
                  <servlet-name>struts</servlet-name>
                  <url-pattern>*.do</url-pattern>
            </servlet-mapping>
```

4. 向 struts-config.xml 中添加配置信息

向 Web 项目的 struts-config.xml 文件中添加相关的配置说明信息，其代码如下：

```
<?xml version="1.0" encoding="UTF-8"?>
<!DOCTYPE struts-config PUBLIC
"-//Apache Software Foundation//DTD Struts Configuration 1.3//EN"
"http://struts.apache.org/dtds/struts-config_1_3.dtd">


<struts-config>
      <form-beans>
            <form-bean
            name="dataForm"
            type="com.changcheng.web.struts.forms.DataForm" />
      </form-beans>
      <action-mappings>
            <action path="/server"
            type="com.changcheng.web.struts.actions.AndroidWebServer" name="dataForm"
            scope="request" parameter="method">
                  <forward name="success" path="/WEB-INF/pages/success.jsp"/>
            </action>
      </action-mappings>
</struts-config>
```

5.5.2 创建 Android 网络存储应用

在创建动态 Web 应用服务之后，就可以创建 Android 的网络存储应用了，它包括如下几个步骤。

1. 创建 Android 工程

与创建动态 Web 工程类似，仍然用 eclipse3.5 创建 Android 工程项目，其代码如下：

Project name:AndroidWebClient

BuildTarget:Android2.1

Application name:AndroidWEB 应用客户端

Package name:com.changcheng.web.client

Create Activity:AndroidWebClient

Min SDK Version:7

2. 配置 Android 应用的信息

AndroidManifest.xml 文件可以被认为是 Android 的一个注册表文件，在此文件中有我们声明的自定义权限、创建工程被赋予的权限以及所有应用组件的相关配置信息。对于创建的任何一个应用组件，必须先在此文件中声明，系统在运行时才能找到这个应用。

对于创建的 Android 工程，配置文件 AndroidManifest.xml 如下：

```xml
<?xml version="1.0" encoding="utf-8"?>
<manifest xmlns:android="http://schemas.android.com/apk/res/android"
    package="com.changcheng.web.client" android:versionCode="1"
    android:versionName="1.0">
    <application android:icon="@drawable/icon" android:label="@string/app_name">
        <!-- 单元测试 -->
        <uses-library android:name="android.test.runner" />
        <activity
        android:name=".AndroidWebClient"
        android:label="@string/app_name">
            <intent-filter>
                <action android:name="android.intent.action.MAIN" />
                <category android:name="android.intent.category.LAUNCHER" />
</intent-filter>
</activity>

</application>
    <uses-sdk android:minSdkVersion="7" />
    <!-- 访问 Internet 权限 -->
    <uses-permission android:name="android.permission.INTERNET" />
    <!-- 在 SD 卡中创建与删除文件权限 -->
    <uses-permission android:name="android.permission.MOUNT_UNMOUNT_FILESYSTEMS" />
    <!--在 SD 卡中写入数据权限 -->
<uses-permission android:name="android.permission.WRITE_EXTERNAL_STORAGE" />
    <!-- 单元测试 -->
    <instrumentation android:name="android.test.InstrumentationTestRunner"
    android:targetPackage="com.changcheng.web.client"
```

```
                    android:label="Tests for My App" />
            </manifest>
```

Android 应用在访问 Internet 时需要添加权限。

3. 客户端服务(Client Service)

网络存储方式中采用客户端服务方式，网络端为服务器。Android 应用的客户端服务最为重要，它完成网络存储的主要工作。

Android 应用客户端服务的相关代码如下：

```
package com.changcheng.web.client.service;

import java.io.ByteArrayOutputStream;

import java.io.DataOutputStream;

import java.io.File;

import java.io.FileInputStream;

import java.io.InputStream;

import java.net.HttpURLConnection;

import java.net.URL;

import java.util.HashMap;

import java.util.Map;

import android.os.Environment;

import android.util.Log;


public class ClientService {

private static final String TAG = "ClientService";

//以 Get 方式发送请求

    public static void sendDataToServerByGet () throws Exception {

            //主机地址不可以设置为 localhost 或 127.0.0.1，必须是本机或其他机器所在 Internet
                网或局域网地址

            String path = "http://192.168.0.2:8080/AndroidWebServer/server.do?"

            + "method=sendDataByGet&name=changcheng";

            URL url = new URL (path);

            HttpURLConnection conn =    (HttpURLConnection) url.openConnection ();

            conn.setConnectTimeout (6 * 1000);

            // 请求成功

    if    (conn.getResponseCode () == 200) {

            // 获取服务器返回的数据

            byte[] data = readStream (conn.getInputStream ());

                Log.i (TAG, new String (data, "UTF-8"));

        }

    }
```

```java
// 以 Post 方式发送请求，面向 HTTP 协议编程
public static void sendDataTOserverByPost () throws Exception {
        String path = "http://192.168.0.2:8080/AndroidWebServer/server.do";
        String params = "method=sendDataByPost&name=tingting";// 请求参数
        byte[] data = params.getBytes ();
        URL url = new URL (path);
        HttpURLConnection conn =    (HttpURLConnection) url.openConnection ();
        conn.setConnectTimeout (6 * 1000);
        conn.setDoOutput (true);            //发送 Post 请求必须设置允许输出
        conn.setUseCaches (false);          //不使用 Cache
        conn.setRequestMethod ("POST");
        conn.setRequestProperty ("Connection", "Keep-Alive");       //维持长连接
        conn.setRequestProperty ("Charset", "UTF-8");
        conn.setRequestProperty ("Content-Length", String.valueOf (data.length));
        conn.setRequestProperty ("Content-Type",
        "application/x-www-form-urlencoded");
        DataOutputStream outStream = new DataOutputStream (conn
        .getOutputStream ());
        outStream.write (data);         //以内容实体方式发送请求参数
        outStream.flush ();
        outStream.close ();
        //请求成功
        if    (conn.getResponseCode () == 200) {
                //获取服务器返回的数据
                byte[] html = readStream (conn.getInputStream ());
                Log.i (TAG, new String (html, "UTF-8"));
        }
}
// 以表单方式发送请求
public static void sendDataToServerByForm () throws Exception {
        Map<String, String> params = new HashMap<String, String> ();
        params.put ("method", "sendDataByForm");
        params.put ("strData", "字符串数据");
        // 获取 SD 卡中的 good.jpg
        File file = new File (Environment.getExternalStorageDirectory (),
                "app_Goog_Android_w.png");
        FormFile fileData = new FormFile ("app_Goog_Android_w.png", new FileInputStream
        (file),   "fileData", "application/octet-stream");
        HttpRequester.post (
```

```
                        "http:        //192.168.0.2:8080/AndroidWebServer/server.do", params,
                        fileData);
        }
        // 获取输入流数据
        private static byte[] readStream (InputStream inStream) throws Exception {
                byte[] buffer = new byte[1024];
                int len = -1;
                ByteArrayOutputStream outStream = new ByteArrayOutputStream ();
                while    ( (len = inStream.read (buffer)) != -1) {
                        outStream.write (buffer, 0, len);
                }
                byte[] data = outStream.toByteArray ();
                outStream.close ();
                inStream.close ();
                return data;
        }
}
```

其中使用到的 FormFile 类如下：

```
package com.changcheng.web.client.service;
 import java.io.InputStream;


/**
* 上传文件
*/
public class FormFile {
        /* 上传文件的数据 */
        private byte[] data;
        private InputStream inStream;
        /* 文件名称 */
        private String filname;
        /* 表单字段名称*/
        private String formname;
        /* 内容类型 */
        private String contentType = "application/octet-stream";

        public FormFile (String filname, byte[] data, String formname, String contentType) {
                this.data = data;
                this.filname = filname;
                this.formname = formname;
```

```java
        if (contentType!=null) this.contentType = contentType;
}

public FormFile (String filname, InputStream inStream, String formname, String contentType) {
        this.filname = filname;
        this.formname = formname;
        this.inStream = inStream;
        if (contentType!=null) this.contentType = contentType;
}

public InputStream getInStream () {
        return inStream;
}

public void setInStream (InputStream inStream) {
        this.inStream = inStream;
}

public byte[] getData () {
        return data;
}

public void setData (byte[] data) {
        this.data = data;
}

public String getFilname () {
        return filname;
}

public void setFilname (String filname) {
        this.filname = filname;
}

public String getFormname () {
        return formname;
}

public void setFormname (String formname) {
```

```
                    this.formname = formname;
            }

            public String getContentType () {
                    return contentType;
            }

            public void setContentType (String contentType) {
                    this.contentType = contentType;
            }


    }
```

其中使用到的 HttpRequester 类如下：

```
package com.changcheng.web.client.service;

import java.io.DataOutputStream;
import java.io.InputStream;
import java.net.HttpURLConnection;
import java.net.URL;
import java.util.ArrayList;
import java.util.List;
import java.util.Map;
import org.apache.http.HttpResponse;
import org.apache.http.NameValuePair;
import org.apache.http.client.entity.UrlEncodedFormEntity;
import org.apache.http.client.methods.HttpPost;
import org.apache.http.impl.client.DefaultHttpClient;
import org.apache.http.message.BasicNameValuePair;
import org.apache.http.protocol.HTTP;
import org.apache.http.util.EntityUtils;
import android.util.Log;


/**
* http 请求发送器
*/
public class HttpRequester {
    /**
    * 直接通过 HTTP 协议提交数据到服务器，实现以下表单提交功能：
    * <FORM METHOD=POST
```

```
ACTION=http://192.168.0.200:8080/ssi/fileload/test.do
enctype="multipart/form-data">
        <INPUT TYPE="text" NAME="name">
        <INPUT TYPE="text" NAME="id">
        <input type="file" name="imagefile"/>
        <input type="file" name="zip"/>
</FORM>
* @param actionUrl  上传路径 (注：避免使用 localhost 或 127.0.0.1 路径进行测试，因为它
会指向手机模拟器，可以使用 http://www.itcast.cn 或 http://192.168.1.10:8080 路径进行测试)
* @param params  请求参数  key 为参数名,value 为参数值
* @param file  上传文件
*/
public static String post (String actionUrl, Map<String, String> params, FormFile[] files) {
    try {
        String BOUNDARY = "---------7d 4a6d158c9";     //数据分隔线
        String MULTIPART_FORM_DATA = "multipart/form-data";
        URL url = new URL (actionUrl);
        HttpURLConnection conn =    (HttpURLConnection) url.openConnection ();
        conn.setConnectTimeout (6* 1000);
        conn.setDoInput (true);//允许输入
        conn.setDoOutput (true);//允许输出
        conn.setUseCaches (false);//不使用 Cache
        conn.setRequestMethod ("POST");
        conn.setRequestProperty ("Connection", "Keep-Alive");
        conn.setRequestProperty ("Charset", "UTF-8");
        conn.setRequestProperty ("Content-Type", MULTIPART_FORM_DATA + ";
        boundary=" + BOUNDARY);
        StringBuilder sb = new StringBuilder ();
        for    (Map.Entry<String, String> entry : params.entrySet ()) {//构建表单字段内容
            sb.append ("--");
            sb.append (BOUNDARY);
            sb.append ("\r\n");
            sb.append ("Content-Disposition:form-data; name=\""+ entry.getKey () + "\"\r\n\r\n");
            sb.append (entry.getValue ());
            sb.append ("\r\n");
        }
        DataOutputStream outStream = new DataOutputStream (conn.getOutputStream ());
        outStream.write (sb.toString ().getBytes ());          //发送表单字段数据
        for (FormFile file : files){                          //发送文件数据
```

```java
        StringBuilder split = new StringBuilder ();
        split.append ("--");
        split.append (BOUNDARY);
        split.append ("\r\n");
        split.append ("Content-Disposition: form-data;name=\""+ file.getFormname ()+"\";
        filename=\""+ file.getFilname () + "\"\r\n");
        split.append ("Content-Type: "+ file.getContentType ()+"\r\n\r\n");
        outStream.write (split.toString ().getBytes ());
        if (file.getInStream ()!=null){
            byte[] buffer = new byte[1024];
            int len = 0;
            while ( (len = file.getInStream ().read (buffer))!=-1){
                outStream.write (buffer, 0, len);
            }
            file.getInStream ().close ();
        }else{
            outStream.write (file.getData (), 0, file.getData ().length);
        }
        outStream.write ("\r\n".getBytes ());
    }
    byte[] end_data =   ("--" + BOUNDARY + "--\r\n").getBytes ();//数据结束标志
    outStream.write (end_data);
    outStream.flush ();
    int cah = conn.getResponseCode ();
    if   (cah != 200) throw new RuntimeException ("请求 url 失败");
    InputStream is = conn.getInputStream ();
    int ch;
    StringBuilder b = new StringBuilder ();
    while (   (ch = is.read ()) != -1 ){
        b.append ( (char)ch);
    }
    Log.i ("ItcastHttpPost", b.toString ());
    outStream.close ();
    conn.disconnect ();
    return b.toString ();
    } catch   (Exception e) {
            throw new RuntimeException (e);
    }
}
```

```
/**
 * 提交数据到服务器
 * @param actionUrl 上传路径 (注：避免使用 localhost 或 127.0.0.1 路径进行测试，因为它会指
向手机模拟器，可以使用 http://www.itcast.cn 或 http://192.168.1.10:8080 路径进行测试)
 * @param params 请求参数 key 为参数名,value 为参数值
 * @param file 上传文件
 */
public static String post (String actionUrl, Map<String, String> params, FormFile file) {
        return post (actionUrl, params, new FormFile[]{file});
}


/**
 * 提交数据到服务器
 * @param actionUrl 上传路径 (注：避免使用 localhost 或 127.0.0.1 路径进行测试，因为它会指
向手机模拟器，可以使用 http://www.itcast.cn 或 http://192.168.1.10:8080 路径进行测试)
 * @param params 请求参数 key 为参数名,value 为参数值
 */
public static String post (String actionUrl, Map<String, String> params) {
    HttpPost httpPost = new HttpPost (actionUrl);
    List<NameValuePair> list = new ArrayList<NameValuePair> ();
    for   (Map.Entry<String, String> entry : params.entrySet ()) {//构建表单字段内容
        list.add (new BasicNameValuePair (entry.getKey (), entry.getValue ()));
    }
    try {
        httpPost.setEntity (new UrlEncodedFormEntity (list, HTTP.UTF_8));
        HttpResponse httpResponse = new DefaultHttpClient ().execute (httpPost);
        if (httpResponse.getStatusLine ().getStatusCode () == 200){
            return EntityUtils.toString (httpResponse.getEntity ());
        }
    } catch    (Exception e) {
        throw new RuntimeException (e);
    }
    return null;
}
```

在编写简单的数据交互应用程序时，直接采用 HTTP 协议可以提高程序的运行速度并
减少对系统资源的占用。

在最后一个方法中使用到的 HttpPost 类是 Apache 开源组织提供的 httpcomponents-
client-4.0.1 包。httpcomponents-client-4.0.1 包可以实现浏览器的大部分功能，但如果能不使用

它就尽量不使用它，因为这会造成对手机硬件资源的占用，从而减慢应用程序的运行速度。

4. 测试

在完成创建、配置和客户端服务之后，就需要对实现的网络存储功能进行测试，测试代码如下：

```
package com.changcheng.web.client.test;
import com.changcheng.web.client.service.ClientService;
import android.test.AndroidTestCase;

public class TestAndroidClientService extends AndroidTestCase {

    public void testSendDataToServerByGet () throws Throwable {
        ClientService.sendDataToServerByGet ();
    }

    public void testSendDataToServerByPost () throws Throwable {
        ClientService.sendDataTOserverByPost ();
    }

    public void testSendDataToServerByForm () throws Throwable {
        ClientService.sendDataToServerByForm ();
    }
}
```

5. 运行

首先启动 AndroidWebService 应用程序，然后运行测试程序，查看运行结果。如果系统能正常处理 Andoird 操作系统分别以 Get 方式、Post 方式、表单方式发送的请求，就可以认为网络存储功能正常。

第6章 Android 简单应用

经过前面的基础知识学习之后，本章将结合前面的知识点，着手较综合的 Android 应用程序的开发。下面给出了几个简单的综合实例供参考学习。

6.1 一个简单的音乐播放器

Android 系统为视频播放提供了 MediaPlayer 类，此类可以方便地实现 AMR、MP3、WAV、MID 等音乐格式的播放。本实例主要实现一个简单的音乐播放手机软件，项目的实现步骤如下：

(1) 创建一个名为"MusicExample"的项目，该项目的主 Activity 名字为 MusicExample-Activity.java。

(2) 拷贝▶、▶、⏸、⏸、⏹ 和 ⏹ 这几张图片到 res/drawable 目录下，建立三个 xml 文件，然后将文件 that_year.mp3 拷贝到 res/raw 文件中。

(3) 对上述相关组件(播放(Play)、暂停(Pause)和停止(Stop)等)背景进行配置，并添加音乐播放软件界面组件的相关布局文件。

① 播放组件背景配置。播放组件是音乐播放器的最重要组件之一，其背景配置文件 (play.xml)如下：

```
<?xml version="1.0" encoding="utf-8"?>
<selector xmlns:android="http://schemas.android.com/apk/res/android">
    <!-- 默认背景图片 -->
    <item android:drawable="@drawable/play_enable" />
    <!-- 组件不可用时的背景图片 -->
    <item android:drawable="@drawable/play_disable" android:state_enabled="false" />
</selector>
```

② 暂停组件的背景配置。暂停组件是音乐播放器的重要组件之一，其背景配置文件 (pause.xml)如下：

```
<?xml version="1.0" encoding="utf-8"?>
<selector xmlns:android="http://schemas.android.com/apk/res/android">
    <!-- 默认背景图片 -->
    <item android:drawable="@drawable/pause_enable" />
    <!-- 组件不可用时的背景图片 -->
    <item android:drawable="@drawable/pause_disable" android:state_enabled="false" />
</selector>
```

③ 停止组件的背景配置。停止组件也是音乐播放器的最重要组件之一，其背景配置文件(stop.xml)如下：

```xml
<?xml version="1.0" encoding="utf-8"?>
<selector xmlns:android="http://schemas.android.com/apk/res/android">
    <!-- 默认背景图片 -->
    <item android:drawable="@drawable/stop_enable" />
    <!-- 组件不可用时的背景图片 -->
    <item android:drawable="@drawable/stop_disable" android:state_enabled="false" />
</selector>
```

组件背景使用 Android 系统中具有的 selector 背景选择器进行配置，这些文件位于/drawable 文件夹中。Android:drawable 用来指定图片的 ID，默认情况下，item 中只有 android:drawable 属性。Android:state_enabled 的属性用来设置是否响应事件，本例中 android:state_enabled="false" 意味着当组件不响应事件(不可用)时加载该背景。

④ 添加播放器的主界面布局文件。添加的播放器主界面布局文件 res/layout/main.xml 的代码如下：

```xml
<?xml version="1.0" encoding="utf-8"?>
<LinearLayout xmlns:android="http://schemas.android.com/apk/res/android"
    android:orientation="vertical"
    android:layout_width="fill_parent"
    android:layout_height="fill_parent" >
    <TextView
    android:layout_width="fill_parent"
    android:layout_height="wrap_content"
    android:textSize="25sp"
    android:text="简单音乐播放器" />
    <LinearLayout
        android:orientation="horizontal"
        android:layout_width="fill_parent"
        android:layout_height="fill_parent" >
    <ImageButton
        android:id="@+id/play"
        android:layout_width="wrap_content"
        android:layout_height="wrap_content"
        android:layout_margin="4dp"
        android:background="@drawable/play" />
    <ImageButton
        android:id="@+id/pause"
        android:layout_width="wrap_content"
        android:layout_height="wrap_content"
```

```
                android:layout_margin="4dp"
                android:background="@drawable/pause" />
        <ImageButton
                android:id="@+id/stop"
                android:layout_width="wrap_content"
                android:layout_height="wrap_content"
                android:layout_margin="4dp"
                android:background="@drawable/stop" />
    </LinearLayout>
    </LinearLayout>
```

本主界面先使用垂直线性布局，其中定义的 TextView 组件用来显示信息，然后定义了嵌套的水平线性布局，同时还分别定义了播放、暂停、停止的 ImageButton。

(4) 修改音乐播放器。

修改音乐播放器的主要程序 MainMusic.java 的代码如下：

```
public void onCreate(Bundle savedInstanceState) {
        super.onCreate(savedInstanceState);
        setContentView(R.layout.main);
        // 定义 UI 组件
        play = (ImageButton) findViewById(R.id.play);
        pause = (ImageButton) findViewById(R.id.pause);
        stop = (ImageButton) findViewById(R.id.stop);
        // 按钮全部失效
        play.setEnabled(false);
        pause.setEnabled(false);
        stop.setEnabled(false);
        // 定义单击监听器
        OnClickListener ocl = new View.OnClickListener() {
            @Override
            public void onClick(View v) {
                switch (v.getId()) {
                case R.id.play:
                    // 播放
Toast.makeText(MusicExampleActivity.this, "点击播放", Toast.LENGTH_SHORT).show();
                    play();
                    break;
                case R.id.pause:
                    // 暂停
Toast.makeText(MusicExampleActivity.this, "暂停播放", Toast.LENGTH_SHORT).show();
                    pause();
```

```
                                        break;
                            case R.id.stop:
                                        // 停止
Toast.makeText(MusicExampleActivity.this, "停止播放",Toast.LENGTH_SHORT).show();
                                        stop();
                                        break;
                            }
                    }};
                    // 绑定单击监听
            play.setOnClickListener(ocl);
            pause.setOnClickListener(ocl);
            stop.setOnClickListener(ocl);
            // 初始化
            initMediaPlayer();
        }
        // 初始化播放器
        private void initMediaPlayer()
        {
            // 定义播放器
            mPlayer = MediaPlayer.create(getApplicationContext(), R.raw.that_year);
            // 定义资源准备好的监听器
            mPlayer.setOnPreparedListener(new OnPreparedListener() {
                    @Override
                    public void onPrepared(MediaPlayer mp) {
                            // 资源准备好了再让播放器按钮有效
Toast.makeText(MusicExampleActivity.this, "onPrepared",Toast.LENGTH_SHORT).show();
                            play.setEnabled(true);
                    }});
            // 定义播放完成监听器
            mPlayer.setOnCompletionListener(new OnCompletionListener() {
                    @Override
                    public void onCompletion(MediaPlayer mp) {
Toast.makeText(MusicExampleActivity.this, "onCompletion",Toast.LENGTH_SHORT).show();
                            stop();
                    }
            });
        }


// 停止播放
```

```java
private void stop()
{
    mPlayer.stop();
    pause.setEnabled(false);
    stop.setEnabled(false);
    try
    {
        mPlayer.prepare();
        mPlayer.seekTo(0);
        play.setEnabled(true);
    }
    catch(IllegalStateException e)
    {
        e.printStackTrace();
    }catch(IOException e)
    {
        e.printStackTrace();
    }
}
// 播放
private void play()
{
    mPlayer.start();
    play.setEnabled(false);
    pause.setEnabled(true);
    stop.setEnabled(true);
}
// 暂停
private void pause()
{
    mPlayer.pause();
    play.setEnabled(true);
    pause.setEnabled(false);
    stop.setEnabled(true);
}
// Activity 销毁前停止播放
@Override
protected void onDestroy() {
    super.onDestroy();
```

```
                    if (stop.isEnabled())
                    {
                            stop();
                    }
            }
```

(5) 运行程序，查看效果。正常时显示效果如图 6.1 所示。

图 6.1　简单音乐播放器显示效果

6.2　一个简单的视频播放器

Android 系统为视频播放提供了 VideoView 和 MediaController 两个组件，这两个组件可以方便地实现 MP4、3GP 等视频的播放。下面的实例主要利用上述两个组件实现视频播放，其实现步骤如下：

(1) 新建一个名为"MediaPlayerExample"的 Android 工程。

(2) 使用 Format Factory(格式工厂)软件压缩一个视频备用，这里压缩视频参数如图 6.2 所示。

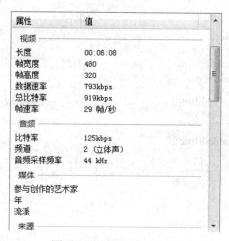

图 6.2　压缩的视频参数

注意：如果播放时完全无法播放或者只有声音没有图像，那么就需要更换压缩软件和调整压缩参数重新压缩视频。

使用命令行的方式将此视频拷贝到存储卡(SD 卡)中，而不用 eclipse 中的可视化工具进行拷贝，这是因为采用该方式拷贝大文件的时候会经常失败，而命令行方式则不会出现这种情况。

这里要使用的命令见图 6.3。

图 6.3　拷贝视频的命令行方式

图中，adb push 指明要导入文件的路径，即导入到虚拟机中的路径。

(3) 修改界面布局。

修改界面布局文件 (main.xml)的代码如下：

```xml
<?xml version="1.0" encoding="utf-8"?>
<LinearLayout xmlns:android="http://schemas.android.com/apk/res/android"
    android:layout_width="fill_parent"
    android:layout_height="fill_parent"
    android:orientation="vertical"
    android:layout_gravity="top">
    <VideoView
        android:id="@+id/VideoView"
        android:layout_width="wrap_content"
        android:layout_height="wrap_content" />
</LinearLayout>
```

(4) 修改 MediaPlayerExampleActivity。

修改 MediaPlayerExampleActivity 的代码如下：

```java
//全屏
this.getWindow().setFlags(WindowManager.LayoutParams.FLAG_FULLSCREEN, WindowManager.LayoutParams.FLAG_FULLSCREEN);
//去掉标题
this.requestWindowFeature(Window.FEATURE_NO_TITLE);
//要在全屏等设置完毕后再加载布局
setContentView(R.layout.main);
//定义 UI 组件
VideoView videoView = (VideoView) findViewById(R.id.VideoView);
//定义 MediaController 对象
MediaController mediaController = new MediaController(this);
```

```
//把 MediaController 对象绑定到 VideoView 上
mediaController.setAnchorView(videoView);
//设置 VideoView 的控制器为 mediaController
videoView.setMediaController(mediaController);
//设置视频路径
videoView.setVideoURI(Uri.parse("/sdcard/that_year.mp4"));
//启动后就播放
videoView.start();
```

(5) 查看运行效果。

视频播放器的正常运行结果如图 6.4 所示。

图 6.4　视频播放器运行效果图

6.3　一个简单的录音程序

本实例主要是在 Android 系统上实现简单的录音功能，其实现步骤如下：

(1) 新建一个名为 "RecordExample" 的项目，该项目的主 Activity 名字为 MainActivity。

(2) 修改布局文件 (main.xml)，添加 Button 控件，其代码如下：

```
<Button
        android:layout_width="wrap_content"
        android:layout_height="wrap_content"
        android:textSize="30sp"
        android:text="录音"
        android:id="@+id/button1" />
<Button
        android:layout_width="wrap_content"
        android:layout_height="wrap_content"
        android:textSize="30sp"
```

```
                    android:text="停止"
                    android:id="@+id/button2"
                    android:layout_marginTop="20dp" />
```
(3) 修改录音程序主程序 MainActivity.java 的代码如下：
```
    recordButton = (Button) this.findViewById(R.id.button1);
    stopButton = (Button) this.findViewById(R.id.button2);
    // 录音按钮点击事件
    recordButton.setOnClickListener(new View.OnClickListener() {
        @Override
        public void onClick(View v) {
         File file = new File("/sdcard/" + "YY"
                        + new DateFormat().format("yyyyMMdd_hhmmss",
                                Calendar.getInstance(Locale.CHINA)) + ".amr");
         Toast.makeText(getApplicationContext(), "正在录音，录音文件在"
                                + file.getAbsolutePath(), Toast.LENGTH_LONG).show();
            // 创建录音对象
            mr = new MediaRecorder();
            // 从麦克风源进行录音
            mr.setAudioSource(MediaRecorder.AudioSource.DEFAULT);
            // 设置输出格式
            mr.setOutputFormat(MediaRecorder.OutputFormat.DEFAULT);
            // 设置编码格式
            mr.setAudioEncoder(MediaRecorder.AudioEncoder.DEFAULT);
            // 设置输出文件
            mr.setOutputFile(file.getAbsolutePath());
            try {
             // 创建文件
                file.createNewFile();
                // 准备录制
              mr.prepare();
            } catch (IllegalStateException e) {
                e.printStackTrace();
            } catch (IOException e) {
                e.printStackTrace();
            }
            // 开始录制
            mr.start();
            recordButton.setText("录音中……");
        }
```

```
        });
    //停止按钮点击事件
    stopButton.setOnClickListener(new View.OnClickListener() {
        @Override
        public void onClick(View v) {
            if (mr != null) {
                mr.stop();
                mr.release();
                mr = null;
                recordButton.setText("录音");
                Toast.makeText(getApplicationContext(),"录音完毕",Toast.LENGTH_LONG).show();
            }
        }
    });
```

(4) 向录音和向内存卡写权限。

因为录音和写存储卡都需要权限声明，因此需要分别向录音和向内存卡写权限，其具体代码如下：

```
<uses-permission android:name="android.permission.RECORD_AUDIO"/>
<uses-permission android:name="android.permission.WRITE_EXTERNAL_STORAGE"/>
```

(5) 编译并运行程序，查看界面。程序正常运行的结果如图 6.5 所示。

图 6.5　程序运行界面

(6) 点击录音界面，如图 6.6 所示。

图 6.6　录音界面

(7) 录音文件在存储卡的根目录录下以 YY 开头的 .amr 文件中，如图 6.7 所示。

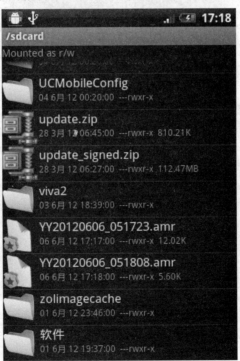

图 6.7　查看录音文件界面

说明：由于本例要用到录音设备，而模拟器并不能把电脑声卡模拟出来使用，因此必须在真机上进行测试(真机上测试方法其实也很简单)。具体过程如下：

(1) 在真机上把 USB 调试模式打开。

(2) 把真机用 USB 线与电脑连接。

(3) 设置电脑和手机的连接方式为"仅充电"(此时手机可以操作存储卡)。

(4) 打开 Eclipse，在不选择模拟器的情况下运行程序，此时，Eclipse 会自动找到真机，并使用它运行程序。

注意：由于真机是 Android 2.2 系统，因此需要删除 AndroidManifest.xml 中的如下代码：

```
<uses-sdk android:minSdkVersion="15" />
```

上面的真机截图也是通过 Eclipse 的 DDMS 窗口直接抓取的，图 6.8 中右上角颜色最深的图标就是抓取真机截图的按钮。

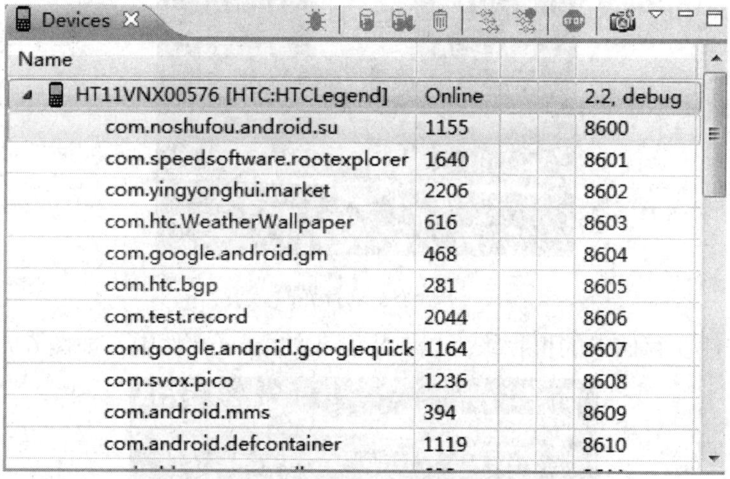

Name			
HT11VNX00576 [HTC:HTCLegend]	Online		2.2, debug
com.noshufou.android.su	1155		8600
com.speedsoftware.rootexplorer	1640		8601
com.yingyonghui.market	2206		8602
com.htc.WeatherWallpaper	616		8603
com.google.android.gm	468		8604
com.htc.bgp	281		8605
com.test.record	2044		8606
com.google.android.googlequick	1164		8607
com.svox.pico	1236		8608
com.android.mms	394		8609
com.android.defcontainer	1119		8610

图 6.8　使用 DDMS 截图

第7章 Android 开发实例

本章将通过三个开发实例来展现较为复杂的 Android 应用程序的开发过程。

7.1 GPS 定位软件

本实例实现的主要功能是利用 GPS 定位获取当前手机终端位置的经纬度。

Android 系统中的 LocationManager 提供了一系列方法来处理与地理位置相关的功能。本程序即是利用 GPS 技术来获取当前地理位置的经纬度信息。

1. 设置权限

首先，添加 GPS 定位权限到 AndroidManifest 文件中，代码如下：

```
<!-- 允许一个程序访问精确位置 -->
<uses-permission android:name="android.permission.ACCESS_FINE_LOCATION"/>
<!-- 允许程序创建模拟位置用于测试 -->
<uses-permission android:name="android.permission.ACCESS_MOCK_LOCATION"/>
```

本小节使用 DDMS 设置相应的经纬度信息，用模拟器进行测试。

2. 编写主页面代码

在界面布局文件(main.xml)中添加 TextView 控件，分别用来显示纬度和经度数据，其代码如下：

```
<TextView
    android:id="@+id/text_latitude"
    android:layout_width="fill_parent"
    android:layout_height="wrap_content"
    android:text="@string/text_latitude" />
<TextView
    android:id="@+id/text_longitude"
    android:layout_width="fill_parent"
    android:layout_height="wrap_content"
    android:text="@string/text_longitude" />
```

3. 编写 GPS 主程序代码

Android 系统中的 LocationManager 提供了一系列方法来处理与地理位置相关的问题，包括查询上一个已知位置、注册/注销来自某个 LocationProvider 的周期性的位置更新，以及注册/注销接近某个坐标时对一个已定义 Intent 的触发等。具体实现的步骤如下：

（1）首先，我们需要获取 LocationManager 的一个实例，这里需要注意的是此实例只能通过下面这种方式来获取，直接实例化 LocationManager 是不被允许的：

```
locationManager = (LocationManager)getSystemService(Context.LOCATION_SERVICE);
```

（2）定义 Location 事件监听，当位置改变或状态变化，可用和不可用时，设置相应的处理方式。具体代码如下：

```
LocationListener locationListener   = new LocationListener()
{
    @Override
    public void onLocationChanged(Location location)
    {
        //这部分是自动产生方法桩
        updateLocation(location);
    }
    @Override
    public void onProviderDisabled(String provider)
    {
        //这部分是自动产生方法桩
        updateLocation(null);
    }
    @Override
    public void onProviderEnabled(String provider)
    {
        //这部分是自动产生方法桩
        updateLocation(location),
    }
    @Override
    public void onStatusChanged(String provider, int status,
        Bundle extras) {
    //Provider 的转态在可用、暂时不可用和无服务三个状态直接切换时触发此函数
        //这部分是自动产生方法桩
    }
};
```

（3）判读 GPS 模式是否开启，如果开启将得到内容提供器，并通过内容提供器得到位置信息，调用 updateLocation 方法来更新位置数据；如果没有开启，则转到设置中的安全模块，手动开启 GPS，设置完成返回程序界面。

通过 GPS 位置提供器获得位置(指定具体的位置提供器)，代码如下：

```
String provider = LocationManager.GPS_PROVIDER;
location = locationManager.getLastKnownLocation(provider);
```

(4) 更新位置方法 updateLocation(Location location)，当位置信息 location 为空时，设置经纬度为 0，否则读取经纬度信息，设置 TextView 信息。

```
private void updateLocation(Location location)
{
        //这部分是自动产生方法桩
        if(location != null)
        {
                double la = location.getLatitude();
                double lo = location.getLongitude();
                latitude.setText("纬度为：" + la);
                longitude.setText("经度为：" + lo);
        }
        else
        {
                latitude.setText("纬度为：" + 0);
                longitude.setText("经度为：" + 0);
        }
}
```

4．实现效果

经过编译，将 GPS 软件安装到 AVD 中后，效果实现图如图 7.1 所示。

图 7.1　GPS 软件示例效果图

7.2　网络监控软件

本软件的主要功能是获取手机的时间、手机类型、网络类型和运营商名字一级服务小区信息等参数，并通过这些参数信息对手机和网络进行监控。

1．设置权限

在 AndroidManifest 文件中添加相应的权限，代码如下：

```
<!-- 允许一个程序访问 CellID 或 WiFi 热点来获取粗略的位置 -->
<uses-permission android:name="android.permission.ACCESS_COARSE_LOCATION"/>
```

2．编写主界面代码

程序采用 ListView 来展示手机参数，因此编写的主界面布局文件代码如下：

```
<ListView
        android:id="@+id/listview"
        android:layout_width="fill_parent"
        android:layout_height="wrap_content" >
</ListView>
```

3. 编写数据页面代码

程序界面主体采用 ListView 作为数据展示方式，显示数据采用自定义方式来实现。每一个 ListView 的 Item 都是由两个 TextView 控件组成的，这两个 TextView 控件采用水平布局，分别用来显示标题和内容。编写的数据页面代码如下：

```xml
<?xml version="1.0" encoding="utf-8"?>
<LinearLayout xmlns:android="http://schemas.android.com/apk/res/android"
    android:layout_width="fill_parent"
    android:layout_height="wrap_content"
    android:orientation="horizontal" >
    <TextView
        android:id="@+id/title"
        android:layout_width="100sp"
        android:layout_height="wrap_content"
        android:textSize="15sp" />
    <TextView
        android:id="@+id/value"
        android:layout_width="wrap_content"
        android:layout_height="wrap_content"
        android:textSize="15sp" />
</LinearLayout>
```

4. 获取网络信息

程序中给出了 network 和 show 两种方法，用来获取手机信息和数据等网络信息。

1) network 方法

利用 network 方法获取网络信息包括如下两步：

(1) 调用系统服务方法获取 TelephonyManager，具体代码如下：

```
tm = (TelephonyManager)getSystemService(Context.TELEPHONY_SERVICE);
```

(2) 分别调用 getNetworkType、getPhoneType、getCellLocation 方法获取网络类型、手机制式和小区信息。具体代码如下：

```
//网络类型
networkType = tm.getNetworkType();
switch(networkType)
{
case 0:
    showNetWorkType = "NETWORK_TYPE_UNKNOWN";
    break;
case 1:
    showNetWorkType = "NETWORK_TYPE_GPRS";
    break;
```

```
case 2:
        showNetWorkType = "NETWORK_TYPE_EDGE";
        break;
case 3:
        showNetWorkType = "NETWORK_TYPE_UMTS";
        break;
case 4:
        showNetWorkType = "NETWORK_TYPE_CDMA";
        break;
case 5:
        showNetWorkType = "NETWORK_TYPE_EVDO_0";
        break;
case 6:
        showNetWorkType = "NETWORK_TYPE_EVDO_A";
        break;
case 7:
        showNetWorkType = "NETWORK_TYPE_1xRTT";
        break;
case 8:
        showNetWorkType = "NETWORK_TYPE_HSDPA";
        break;
case 9:
        showNetWorkType = "NETWORK_TYPE_HSUPA";
        break;
case 10:
        showNetWorkType = "NETWORK_TYPE_HSPA";
        break;
case 11:
        showNetWorkType = "NETWORK_TYPE_IDEN";
        break;
case 12:
        showNetWorkType = "NETWORK_TYPE_EVDO_B";
        break;
case 13:
        showNetWorkType = "NETWORK_TYPE_LTE";
        break;
case 14:
        showNetWorkType = "NETWORK_TYPE_EHRPD";
        break;
```

```
case 15:
    showNetWorkType = "NETWORK_TYPE_HSPAP";
    break;
}

//手机类型
phoneType = tm.getPhoneType();
switch(phoneType)
{
case 0:
    showPhoneType = "PHONE_TYPE_NONE";
    break;
case 1:
    showPhoneType = "PHONE_TYPE_GSM";
    break;
case 2:
    showPhoneType = "PHONE_TYPE_CDMA";
    break;
case 3:
    showPhoneType = "PHONE_TYPE_SIP";
    break;
}

//服务小区信息
    cellLocation = (GsmCellLocation) tm.getCellLocation();
```

2) show 方法

首先定义一个列表用来存放数据, 其中每个元素为 HashMap<String,String>; 然后使用 SimpleAdapter 作为 ListView 的适配器, 将列表数据与 listview_item.xml 中的 TextView 控件对应起来, 并进行数据填充, 代码如下:

```
    private void show()
    {
        t = new Time();
        t.setToNow();
        //创建列表用于存储数据
ArrayList<HashMap<String,String>> list = new ArrayList<HashMap<String,String>>();
        //时间
        HashMap<String,String> map0=new HashMap<String,String>();
        map0.put("title", "时间");
        map0.put("value",String.valueOf(t.format("%Y-%m-%d %H:%M:%S")));
```

```
//手机类型
HashMap<String,String> map1=new HashMap<String,String>();
map1.put("title", "手机类型");
map1.put("value",showPhoneType);
//网络类型
HashMap<String,String> map2=new HashMap<String,String>();
map2.put("title", "网络类型");
map2.put("value", showNetWorkType);
//运营商
HashMap<String,String> map3=new HashMap<String,String>();
map3.put("title", "运营商名字");
map3.put("value",tm.getNetworkOperatorName());
//服务小区信息
HashMap<String,String> map4=new HashMap<String,String>();
map4.put("title", "cellLocation");
map4.put("value", String.valueOf(cellLocation));
list.add(map0);
list.add(map1);
list.add(map2);
list.add(map3);
list.add(map4);
SimpleAdapter    sa  =  new   SimpleAdapter(this,list,R.layout.listview_item,new    String[]
{"title","value"},new int[]{R.id.title,R.id.value});
listView.setAdapter(sa);
}
```

5. 实现效果

程序运行结果显示的界面如图 7.2 所示。

图 7.2   网络信息获取软件运行结果

7.3　基于手机的便携式远程医疗监护系统

基于手机的便携式远程医疗监护系统完成的功能是为当前的无线医疗提供新的解决方案。信息采集设备将人体生理参数采集后使用蓝牙发送至基于 Android 系统的手机，随后由手机将数据通过移动通信网络传至服务器端，并由基于 Linux 的服务器端进行数据汇总、存储和分析，同时将分析结果和相关意见反馈至使用者，以提供人性化服务。

基于手机的便携式远程医疗监护系统框架图如图 7.3 所示。

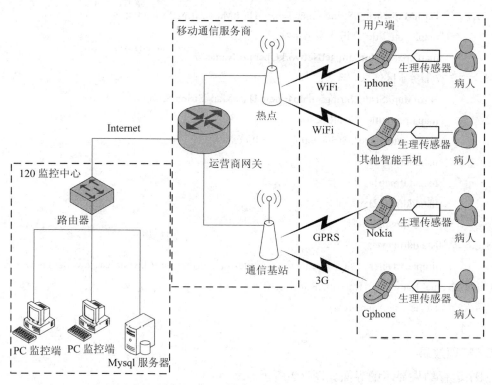

图 7.3　基于手机的便携式远程医疗监护系统框架图

7.3.1　功能分析

由图 7.4 的系统框架可以分析出各部分的工作过程和应该完成的功能，具体如下：

(1) 采集人体血氧与心率数据。该功能由单片机控制采集模块实现。由于本书重点并不在单片机控制采集模块上，所以这一部分不再介绍。

(2) 将人体血氧与心率数据发送至手机。该功能使用了蓝牙技术，采集端由单片机控制蓝牙模块实现数据发送，手机上通过 Java 编程实现数据接收。

(3) 手机人性化界面。该功能使用了 Android 操作系统提供的界面控件，通过 XML 语言进行布局，通过 Java 编程实现控制。

(4) 手机将生理参数发送至服务器。该功能使用了 Socket 通信，由 Java 语言实现。

(5) 服务器接收生理数据。该功能运行于一基于 Linux 的服务器，通过 Java 编程实现 Socket 监听和接收数据的功能。

(6) 保存生理参数历史数据。在服务器上通过使用 Mysql 数据库实现数据的保存与备份，并且它可以允许有权限的人随时查阅。

(7) 给出相关意见。由服务器对数据进行分析，根据医学理论对使用者提出相关建议，以实现更深入的智能化。

由以上功能分析可知，手机端需要实现的是(2)~(4)步骤，对应的流程图如图 7.4 所示，这几个步骤就是 Android 应用的体现，所以我们将重点介绍这几步的实现。服务器端采用的是 Linux 操作系统而非 Android 操作系统，因此，其功能实现在此不予介绍。

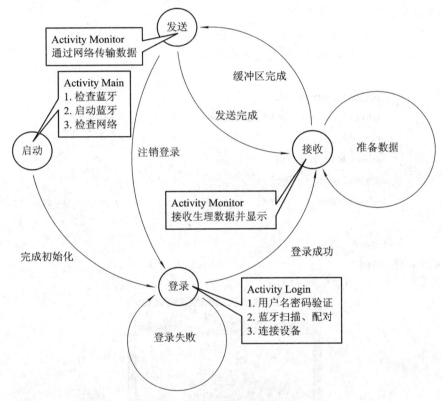

图 7.4　Android 手机端流程图

7.3.2　手机端界面布局

整个系统需要三个界面，即主界面、登录界面和监控界面。这三个界面之间的跳转关系是：用户开启手机端监控软件后，进入主界面，点击登录进入登录界面，登录成功后，进入监控界面。

1. 主界面布局

主界面是手机的顶层界面，主要包含标志、名称和点击进入等内容。主界面布局文件 main.xml 的代码如下：

```
<?xml version="1.0" encoding="utf-8"?>
```

```
<AbsoluteLayout xmlns:android="http://schemas.android.com/apk/res/android"
    android:orientation="vertical"
    android:layout_width="fill_parent"
    android:layout_height="fill_parent"
>
<ImageView android:id="@+id/startpic"
        android:background="@drawable/white"
        android:layout_width="fill_parent"
        android:layout_height="fill_parent" />
<TextView
        android:id="@+id/state"
        android:layout_width="fill_parent"
        android:layout_height="wrap_content"
        android:gravity="center"
        android:textColor="@drawable/dark"
        android:background="@drawable/white"
        android:textSize="20sp"
        android:layout_x="0px"
        android:layout_y="400px"
    >
    </TextView>
</AbsoluteLayout>
```

运行以后，效果如图 7.5 所示。

图 7.5 医疗监护系统主界面

2. 登录界面布局

登录界面主要包括输入用户名和密码、登录或退出按钮等内容，其布局文件 login.xml 的代码如下：

```xml
<?xml version="1.0" encoding="utf-8"?>
<AbsoluteLayout xmlns:android="http://schemas.android.com/apk/res/android"
    android:layout_width="fill_parent"
    android:layout_height="fill_parent"
>
        <TextView
            android:id="@+id/user"
            android:layout_width="wrap_content"
            android:layout_height="wrap_content"
            android:textSize="20sp"
            android:text="用户名："
            android:layout_x="0px"
            android:layout_y="10px"
        >
        </TextView>
        <EditText
            android:id="@+id/userValue"
            android:layout_width="fill_parent"
            android:layout_height="wrap_content"
            android:text=""
            android:textSize="18sp"
            android:layout_x="0px"
            android:layout_y="50px"
        >
        </EditText>
        <TextView
            android:id="@+id/password"
            android:layout_width="wrap_content"
            android:layout_height="wrap_content"
            android:textSize="20sp"
            android:text="密码："
            android:layout_x="0px"
            android:layout_y="95px"
        >
        </TextView>
        <EditText
```

```
                    android:id="@+id/passwordValue"
                    android:layout_width="fill_parent"
                    android:layout_height="wrap_content"
                    android:password="true"
                    android:text=""
                    android:textSize="18sp"
                    android:layout_x="0px"
                    android:layout_y="135px"
                >
            </EditText>
            <Button
                    android:id="@+id/enter"
                    android:layout_width="wrap_content"
                    android:layout_height="wrap_content"
                    android:textSize="20sp"
                    android:text="登录"
                    android:layout_x="50px"
                    android:layout_y="185px"
                >
            </Button>
            <Button
                    android:id="@+id/cancel"
                    android:layout_width="wrap_content"
                    android:layout_height="wrap_content"
                    android:textSize="20sp"
                    android:text="取消"
                    android:layout_x="200px"
                    android:layout_y="185px"
                >
            </Button>
            <ImageView
                    android:id="@+id/picLogin"
                    android:layout_width="fill_parent"
                    android:layout_height="wrap_content"
                    android:layout_x="0px"
                    android:layout_y="100px"
                >
            </ImageView>
    </AbsoluteLayout>
```

运行之后，登录页面效果如图7.6所示。

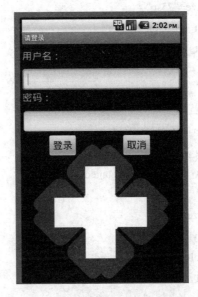

图7.6 医疗监护系统登录界面

3. 监控界面布局

监控界面主要显示所监控的参数及其数值，监控展示页面布局文件monitor.xml的代码如下：

```xml
<?xml version="1.0" encoding="utf-8"?>
<AbsoluteLayout
        xmlns:android="http://schemas.android.com/apk/res/android"
        android:layout_width="wrap_content"
        android:layout_height="wrap_content">
<TextView
        android:id="@+id/helloString"
        android:layout_width="wrap_content"
        android:layout_height="wrap_content"
        android:text=""
        android:textSize="20sp"
        android:layout_x="0px"
        android:layout_y="0px"
>
</TextView>
<TextView
        android:id="@+id/speed"
        android:layout_width="wrap_content"
        android:layout_height="wrap_content"
```

```
                android:text="心率："
                android:textSize="25sp"
                android:layout_x="35px"
                android:layout_y="55px"
        >
</TextView>
<TextView
                android:id="@+id/speedValue"
                android:layout_width="wrap_content"
                android:layout_height="wrap_content"
                android:text="     "
                android:textSize="25sp"
                android:textStyle="bold"
                android:textColor="@drawable/red"
                android:layout_x="110px"
                android:layout_y="55px"
        >
</TextView>
<TextView
                android:id="@+id/speedUnit"
                android:layout_width="wrap_content"
                android:layout_height="wrap_content"
                android:text="次/分"
                android:textSize="25sp"
                android:layout_x="150px"
                android:layout_y="55px"
        >
</TextView>
<TextView
                android:id="@+id/oxygen"
                android:layout_width="wrap_content"
                android:layout_height="wrap_content"
                android:text="血氧："
                android:textSize="25sp"
                android:layout_x="35px"
                android:layout_y="95px"
        >
</TextView>
<TextView
```

```
            android:id="@+id/oxygenValue"
            android:layout_width="wrap_content"
            android:layout_height="wrap_content"
            android:text="      "
            android:textSize="25sp"
            android:textStyle="bold"
            android:textColor="@drawable/red"
            android:layout_x="110px"
            android:layout_y="95px"
    >
    </TextView>
    <TextView
            android:id="@+id/oxygenUnit"
            android:layout_width="wrap_content"
            android:layout_height="wrap_content"
            android:text="%"
            android:textSize="25sp"
            android:layout_x="150px"
            android:layout_y="95px"
    >
    </TextView>
    <ImageView
            android:id="@+id/picMedic"
            android:layout_width="fill_parent"
            android:layout_height="wrap_content"
            android:layout_x="0px"
            android:layout_y="100px"
    >
    </ImageView>
</AbsoluteLayout>
```

7.3.3　手机端功能的设计与实现

根据上面功能分析可知，手机端需要完成的功能包括：

(1) 蓝牙设备连接。

(2) 蓝牙数据获取。

(3) 用户登录医疗监控系统。

(4) 将蓝牙获取到的数据发送到医疗监控系统服务器。

归纳起来，Android 手机端需要实现蓝牙连接、数据传输和与 Server 之间的 socket 通信，以及三个页面的主代码。

1. 蓝牙连接

蓝牙连接包括蓝牙设备连接和蓝牙数据获取，其实现代码如下：

```java
import java.io.IOException;
import java.io.InputStream;
import java.io.OutputStream;
import java.util.UUID;
import android.bluetooth.BluetoothAdapter;
import android.bluetooth.BluetoothDevice;
import android.bluetooth.BluetoothServerSocket;
import android.bluetooth.BluetoothSocket;
import android.content.Context;
import android.os.Bundle;
import android.os.Handler;
import android.os.Message;
import android.util.Log;
/**
*这个类完成安装和管理蓝牙和其他设备连接的所有工作。它有一个线程负责监听进来的连接，
*一个线程负责连接设备，还有一个线程完成连接时的数据传输
*/
public class BluetoothChatService {
    // Debug 调试
    private static final String TAG = "BluetoothMedicService";
    private static final boolean D = true;
    //创建服务器套接字时的 SDP 记录的名字
    private static final String NAME = "BluetoothMedic";
    //这个应用程序唯一的 UUID
    private static final UUID MY_UUID = UUID.fromString("00001101-0000-1000-8000-
00805F9B34FB");
    //成员域
    private final BluetoothAdapter mAdapter;
    private final Handler mHandler;
    private AcceptThread mAcceptThread;
    private ConnectThread mConnectThread;
    private ConnectedThread mConnectedThread;
    private int mState;
    //表明当前连接状态的常量
    public static final int STATE_NONE = 0;          //我们现在什么都没做
    public static final int STATE_LISTEN = 1;        //现在监听进来的连接
    public static final int STATE_CONNECTING = 2;    //现在初始化一个出去的连接
```

```java
public static final int STATE_CONNECTED = 3;    //现在连接到一个远端设备
/**
*构造方法。准备一个新的 BluetoothChat 会话
*@param context UI 活动上下文
* @param handler   将消息发送回 UI 活动的句柄
*/
public BluetoothChatService(Context context, Handler handler) {
    mAdapter = BluetoothAdapter.getDefaultAdapter();
    mState = STATE_NONE;
    mHandler = handler;
}
/**
*设置对话连接的当前状态
*@param state  一个整数定义当前连接状态
*/
private synchronized void setState(int state) {
    if (D) Log.d(TAG, "setState() " + mState + " -> " + state);
    mState = state;
    //给句柄一个新状态，这样 UI 活动可以更新
        mHandler.obtainMessage(monitor.MESSAGE_STATE_CHANGE,state,
    -1).sendToTarget();
}
/**
*返回当前的状态*/
public synchronized int getState() {
    return mState;
}
/**
*启动聊天服务。特别之处是以侦听(服务器)模式启动 AcceptThread 以开始一个会话*/
public synchronized void start() {
    if (D) Log.d(TAG, "start");
//取消任何一个试图建立连接的线程

    if (mConnectThread != null) {mConnectThread.cancel(); mConnectThread = null;}
    //取消任何一个当前正在运行连接的线程
        if (mConnectedThread != null) {
            mConnectedThread.cancel();
            mConnectedThread = null;
```

```
            }
        //启动线程侦听蓝牙服务器套接字
        if (mAcceptThread == null) {
            mAcceptThread = new AcceptThread();
            mAcceptThread.start();
        }
        setState(STATE_LISTEN);
    }
    /**
    *启动 ConnectThread 以初始化一个到远端设备的连接
    *@param device   要连接的蓝牙设备
    */
    public synchronized void connect(BluetoothDevice device) {
        if (D) Log.d(TAG, "connect to: " + device);
        //取消任何一个试图建立连接的线程
        if (mState == STATE_CONNECTING) {
            if (mConnectThread != null) {
                    mConnectThread.cancel();
                    mConnectThread = null;}
        }
                //取消任何一个当前正在运行连接的线程
                if (mConnectedThread != null) {
                    mConnectedThread.cancel();
                    mConnectedThread = null;}
        //启动连接给定设备的线程
        mConnectThread = new ConnectThread(device);
        mConnectThread.start();
        setState(STATE_CONNECTING);
    }
    /**
    *启动 ConnectedThread  开始对蓝牙连接的管理
    *@param socket    建立连接处的蓝牙套接字
    *@param device   已经被连接上的蓝牙设备
    */
    public synchronized void connected(BluetoothSocket socket, BluetoothDevice device)
        {if (D) Log.d(TAG, "connected");
        //取消完成连接的线程
        if (mConnectThread != null) {mConnectThread.cancel(); mConnectThread = null;}
        //取消任何一个正在运行连接的线程
```

```java
            if (mConnectedThread != null) {
                    mConnectedThread.cancel();
                    mConnectedThread = null;}
        //取消接受线程因为我们只想连接到一个设备
        if (mAcceptThread != null) {mAcceptThread.cancel(); mAcceptThread = null;}
        //启动管理连接和完成传输的线程
        mConnectedThread = new ConnectedThread(socket);
        mConnectedThread.start();
        //将被连接的设备的名字发送回 UI 活动
        Message msg = mHandler.obtainMessage(monitor.MESSAGE_DEVICE_NAME);
        Bundle bundle = new Bundle();
        bundle.putString(monitor.DEVICE_NAME, device.getName());
        msg.setData(bundle);
        mHandler.sendMessage(msg);
        setState(STATE_CONNECTED);
}
/**
*终止所有线程
*/
public synchronized void stop() {
        if (D) Log.d(TAG, "stop");
        if (mConnectThread != null) {mConnectThread.cancel(); mConnectThread = null;}
            if (mConnectedThread != null) {
                    mConnectedThread.cancel();
                    mConnectedThread = null;}
        if (mAcceptThread != null) {mAcceptThread.cancel(); mAcceptThread = null;}
        setState(STATE_NONE);
}
/**
*以非同步方式写到 ConnectedThread
*@param out 要写的类型
* @see ConnectedThread#write(byte[])
*/
public void write(byte[] out) {
        //创建临时对象
        ConnectedThread r;
        //同步 ConnectedThread 的一个拷贝
        synchronized (this) {
            if (mState != STATE_CONNECTED) return;
```

```
            r = mConnectedThread;
        }
        //完成非同步写入
        r.write(out);
    }
    /**
    *表明连接尝试失败并通知 UI 活动
    */
    private void connectionFailed() {
        setState(STATE_LISTEN);
        //发送一个失败消息回给活动
        Message msg = mHandler.obtainMessage(monitor.MESSAGE_TOAST);
        Bundle bundle = new Bundle();
        bundle.putString(monitor.TOAST, "无法连接");
        msg.setData(bundle);
        mHandler.sendMessage(msg);
    }
    /**
    *表明丢失连接并通知 UI 活动
    */
    private void connectionLost() {
        setState(STATE_LISTEN);
        //发送失败消息返回给这个活动
        Message msg = mHandler.obtainMessage(monitor.MESSAGE_TOAST);
        Bundle bundle = new Bundle();
        bundle.putString(monitor.TOAST, "设备丢失");
        msg.setData(bundle);
        mHandler.sendMessage(msg);
    }
    /**
    *侦听进来的连接时运行这个线程。它就像一个服务器端的客户。
    *它持续运行直到一个连接被接受(或者直到一个连接被取消)
    */
    private class AcceptThread extends Thread {
        //本地服务器套接字
        private final BluetoothServerSocket mmServerSocket;
        public AcceptThread() {
            BluetoothServerSocket tmp = null;
            //创建一个新的侦听服务器套接字
```

```
        try {
            tmp = mAdapter.listenUsingRfcommWithServiceRecord(NAME, MY_UUID);
        } catch (IOException e) {
            Log.e(TAG, "listen() failed", e);
        }
        mmServerSocket = tmp;
    }
    public void run() {
        if (D) Log.d(TAG, "BEGIN mAcceptThread" + this);
        setName("AcceptThread");
        BluetoothSocket socket = null;
        //如果我们没有被连接就侦听服务器套接字
        while (mState != STATE_CONNECTED) {
            try {
                //这是一个块调用，它只会在成功连接或者出现异常时返回
                socket = mmServerSocket.accept();
            } catch (IOException e) {
                Log.e(TAG, "accept() failed", e);
                break;
            }
            //如果接受了一个连接
            if (socket != null) {
                synchronized (BluetoothChatService.this) {
                    switch (mState) {
                    case STATE_LISTEN:
                    case STATE_CONNECTING:
                        //情况正常。启动连接的线程
                        connected(socket, socket.getRemoteDevice());
                        break;
                    case STATE_NONE:
                    case STATE_CONNECTED:
                        //或者没准备或者已经连接。终止新套接字
                        try {
                        socket.close();
                        } catch (IOException e) {
                        Log.e(TAG, "Could not close unwanted socket", e);
                        }
                        break;
                    }
```

```
                    }
                }
            }
            if (D) Log.i(TAG, "END mAcceptThread");
        }
        public void cancel() {
            if (D) Log.d(TAG, "cancel " + this);
            try {
                mmServerSocket.close();
            } catch (IOException e) {
                Log.e(TAG, "close() of server failed", e);
            }
        }
    }

    /**
     *当尝试建立一个和设备建立出去的连接时运行这个线程。
     *它直接运行过去；连接或者成功或者失败。
     */
    private class ConnectThread extends Thread {
        private final BluetoothSocket mmSocket;
        private final BluetoothDevice mmDevice;
        public ConnectThread(BluetoothDevice device) {
            mmDevice = device;
            BluetoothSocket tmp = null;
            //获取一个连接到给定蓝牙设备的蓝牙套接字
            try {
                tmp = device.createRfcommSocketToServiceRecord(MY_UUID);
            } catch (IOException e) {
                Log.e(TAG, "create() failed", e);
            }
            mmSocket = tmp;
        }
        public void run() {
            Log.i(TAG, "BEGIN mConnectThread");
            setName("ConnectThread");
            //总是取消探索因为它会放慢连接
            mAdapter.cancelDiscovery();
            //建立一个到蓝牙套接字的连接
```

```java
        try {
            //这是一个块调用，只会在成功连接或者出现异常时返回
            mmSocket.connect();
        } catch (IOException e) {
            connectionFailed();
            //关闭套接字
            try {
                mmSocket.close();
            } catch (IOException e2) {
                Log.e(TAG, "unable to close() socket during connection failure", e2);
            }
            //启动服务重启侦听模式
            BluetoothChatService.this.start();
            return;
        }
        //重置连接线程因为我们已经做过了
        synchronized (BluetoothChatService.this) {
            mConnectThread = null;
        }
        //启动连接的线程
        connected(mmSocket, mmDevice);
    }
    public void cancel() {
        try {
            mmSocket.close();
        } catch (IOException e) {
            Log.e(TAG, "close() of connect socket failed", e);
        }
    }
}


/**
*在连接到一个远端设备过程中运行这个线程。它处理所有进入和出去的传输
*/
private class ConnectedThread extends Thread {
    private final BluetoothSocket mmSocket;
    private final InputStream mmInStream;
    private final OutputStream mmOutStream;
    public ConnectedThread(BluetoothSocket socket) {
```

```java
        Log.d(TAG, "create ConnectedThread");
        mmSocket = socket;
        InputStream tmpIn = null;
        OutputStream tmpOut = null;
        //获取蓝牙套接字输入和输出流
        try {
            tmpIn = socket.getInputStream();
            tmpOut = socket.getOutputStream();
        } catch (IOException e) {
            Log.e(TAG, "temp sockets not created", e);
        }
        mmInStream = tmpIn;
        mmOutStream = tmpOut;
    }
    public void run() {
        Log.i(TAG, "BEGIN mConnectedThread");
        byte[] buffer = new byte[256];
        int bytes;
        //当连接时持续侦听输入流
        while (true) {
            try {
                //从输入流读取
                bytes = mmInStream.read(buffer);
                //给 UI 活动发送获取的类型
                mHandler.obtainMessage(monitor.MESSAGE_READ,bytes,-1,buffer)
            .sendToTarget();
            } catch (IOException e) {
                Log.e(TAG, "disconnected", e);
                connectionLost();
                break;
            }
        }
    }

/**
*写入连接的 OutStream
* @param buffer   要写入的类型
*/
public void write(byte[] buffer) {
```

```
            try {
                    mmOutStream.write(buffer);
                    //共享发送的消息回 UI 活动
                    mHandler.obtainMessage(monitor.MESSAGE_WRITE, -1, -1, buffer)
                            .sendToTarget();
            } catch (IOException e) {
                    Log.e(TAG, "Exception during write", e);
            }
        }
        public void cancel() {
            try {
                    mmSocket.close();
            } catch (IOException e) {
                    Log.e(TAG, "close() of connect socket failed", e);
            }
        }
    }
}
```

2. Socket 通信

Socket 通信实现手机与服务器的通信，其实现代码如下：

```
import java.io.DataInputStream;
import java.io.DataOutputStream;
import java.net.Socket;
public class SocketService {
        private static final String HOST = "192.168.1.102";
        private static final int PORT = 1234;
        public String sendData(String dataVar1){
            Socket s = null;
            DataOutputStream dout = null;
            DataInputStream din = null;
            String recieved=new String();
            try {
                    s = new Socket(HOST, PORT);                    //连接服务器
                    dout = new DataOutputStream(s.getOutputStream());      //得到输出流
                    din = new DataInputStream(s.getInputStream());    //得到输入流
                    dout.writeUTF(dataVar1);                      //向服务器发送消息
                    recieved=din.readUTF();
                    din.close();
```

```
                    dout.close();
                    //关闭此 Socket 连接
                    s.close();
                } catch (Exception e) {
                    e.printStackTrace();                              //打印异常信息
                }
                return recieved;
            }
        }
```

3．主页面代码

主页面的实现代码如下：

```java
import android.app.Activity;
import android.app.AlertDialog;
import android.bluetooth.BluetoothAdapter;
import android.content.DialogInterface;
import android.content.Intent;
import android.os.Bundle;
import android.view.View;
import android.widget.ImageView;
import android.widget.TextView;
public class main extends Activity {
        ImageView startPic;
        TextView startState;
        protected static final int REQUEST_ENABLE_BT = 0;
    /* 当首次创建这个活动时被调用 */
    @Override
    public void onCreate(Bundle savedInstanceState) {
        super.onCreate(savedInstanceState);
        setContentView(R.layout.main);
        setTitle("正在启动中，请稍后");
        startState=(TextView) findViewById(R.id.state);
        startState.setText("点击进入...");
        startPic=(ImageView) findViewById(R.id.startpic);
        startPic.setImageDrawable(getResources().
                getDrawable(R.drawable.startup));
        startPic.setOnClickListener(new ImageView.OnClickListener(){
            public void onClick(View v){
                Intent intent = new Intent();
```

```java
                    intent.setClass(main.this,login.class);
                    startActivity(intent);
                    main.this.finish();
                }
        });
        BluetoothAdapter cwjBluetoothAdapter = BluetoothAdapter.getDefaultAdapter();
        if (cwjBluetoothAdapter == null) {
            new AlertDialog.Builder(main.this)
            .setTitle(R.string.error)
            .setIcon(R.drawable.error)
            .setMessage(R.string.no_bluetooth)
            .setPositiveButton(R.string.certain,
                new DialogInterface.OnClickListener()
                {
                        public void onClick(DialogInterface dialoginterface, int i)
                        {
                                //main.this.finish();
                        }
                }
            )
            .show();
        }else{
            if (!cwjBluetoothAdapter.isEnabled()) {
                Intent TurnOnBtIntent = new Intent(BluetoothAdapter.ACTION_REQUEST_
            ENABLE);
                startActivityForResult(TurnOnBtIntent, REQUEST_ENABLE_BT);
            }
        }
    }
}
```

4.登录页面代码

登录页面的实现代码如下：

```java
import android.app.Activity;
import android.app.AlertDialog;
import android.content.Context;
import android.content.DialogInterface;
import android.content.Intent;
import android.os.Bundle;
```

```java
import android.view.View;
import android.widget.Button;
import android.widget.EditText;
import android.widget.ImageView;
import android.widget.TextView;
public class login extends Activity {
        TextView username;
    TextView userValue;
    TextView password;
    TextView passwordValue;
    Button enter;
    Button cancel;
    ImageView loginPic;
    SocketService send1=new SocketService();
    @Override
    public void onCreate(Bundle savedInstanceState) {
        super.onCreate(savedInstanceState);
        setContentView(R.layout.login);
        setTitle("请登录");
        username=(TextView) findViewById(R.id.user);
        userValue= (EditText) findViewById(R.id.userValue);
            password=(TextView) findViewById(R.id.password);
        passwordValue= (EditText) findViewById(R.id.passwordValue);
        enter=(Button) findViewById(R.id.enter);
        cancel=(Button) findViewById(R.id.cancel);
        loginPic=(ImageView) findViewById(R.id.picLogin);
        loginPic.setImageDrawable(getResources().
            getDrawable(R.drawable.cross));
        enter.setOnClickListener(new Button.OnClickListener()
        {
            public void onClick(View v)
            {
                ProgressDialog scanWait=new ProgressDialog(login.this);
                scanWait.setTitle("正在登录");
                scanWait.setMessage("请稍后...");
        String ss=send1.sendData("<"+ userValue.getText().toString()+","+passwordValue
.getText().toString()+">");
                if(ss.equals("<success,ok>")){
                Intent intent = new Intent();
```

```
                        intent.setClass(login.this,monitor.class);
                        startActivity(intent);
                        login.this.finish();
                    } else{
                        makeDialog(login.this,R.string.checkError);
                        passwordValue.setText("");
                    }
                }
            });
        cancel.setOnClickListener(new Button.OnClickListener()
        {
            public void onClick(View v)
            {
                login.this.finish();
            }
        });
    }
    private void makeDialog(Context context,int str){
        AlertDialog.Builder builder=new AlertDialog.Builder(context);
        builder.setIcon(R.drawable.error);
        builder.setTitle(str);
        builder.setPositiveButton(R.string.certain, new DialogInterface.OnClickListener(){
            @Override
            public void onClick(DialogInterface dialog, int which) {
                //这部分是自动产生方法桩

            }
        });
        builder.show();
    }
}
```

5．监控页面代码

监控页面的实现代码如下：

```
import android.app.Activity;
import android.app.ProgressDialog;
import android.bluetooth.BluetoothAdapter;
import android.bluetooth.BluetoothDevice;
import android.content.Intent;
```

```java
import android.os.Bundle;
import android.os.Handler;
import android.os.Message;
import android.util.Log;
import android.widget.ImageView;
import android.widget.TextView;
import android.widget.Toast;
public class monitor extends Activity {
        TextView helloString;
        TextView oxygen;
        TextView speed;
        TextView oxygenValue;
        TextView speedValue;
        TextView oxygenUnit;
        TextView speedUnit;
        ImageView pic_medic;
    private static final String TAG = "BluetoothMedic";
    private static final boolean D = true;
    //从 the BluetoothChatService Handler 传递信息类型
    private static final int REQUEST_ENABLE_BT = 2;
    public static final int MESSAGE_STATE_CHANGE = 1;
    public static final int MESSAGE_READ = 2;
    public static final int MESSAGE_WRITE = 3;
    public static final int MESSAGE_DEVICE_NAME = 4;
    public static final int MESSAGE_TOAST = 5;
    private static String address="00:18:10:81:70:03";
    ProgressDialog scanWait=null;
    private String temp=new String();
    //从蓝牙聊天服务句柄接收的关键名
    public static final String DEVICE_NAME = "device_name";
    public static final String TOAST = "toast";
    //本地蓝牙适配器
    private BluetoothAdapter mBluetoothAdapter = null;
    //聊天服务的成员对象
    private BluetoothChatService mChatService = null;
    /**首次创建活动时被调用*/
    //意图需求代码
    private SocketService send1 = new SocketService();
    @Override
```

```java
public void onCreate(Bundle savedInstanceState) {
    super.onCreate(savedInstanceState);
    setContentView(R.layout.monitor);
    setTitle("手持监护终端");
    helloString=(TextView) findViewById(R.id.helloString);
    oxygen=(TextView) findViewById(R.id.oxygen);
    speed= (TextView) findViewById(R.id.speed);
    oxygenValue=(TextView) findViewById(R.id.oxygenValue);
    speedValue= (TextView) findViewById(R.id.speedValue);
    oxygenUnit=(TextView) findViewById(R.id.oxygenUnit);
    speedUnit=(TextView) findViewById(R.id.speedUnit);
    pic_medic=(ImageView) findViewById(R.id.picMedic);
    pic_medic.setImageDrawable(getResources().
            getDrawable(R.drawable.cross));
    //获取本地蓝牙适配器
    mBluetoothAdapter = BluetoothAdapter.getDefaultAdapter();
    //如果适配器为 null，那么就不支持蓝牙
    if (mBluetoothAdapter == null) {
        Toast.makeText(this, "Bluetooth is not available", Toast.LENGTH_LONG).show();
        finish();
        return;
    }

    scanWait=new ProgressDialog(monitor.this);
    scanWait.setTitle("正在连接蓝牙");
    scanWait.setMessage("请稍后...");
}
public void onStart() {
    super.onStart();
    if(D) Log.e(TAG, "++ ON START ++");
    //如果 BT 没有开，则请求让它打开，然后在 onActivityResult 调用 setupChat()
    if (!mBluetoothAdapter.isEnabled()) {
        Intent enableIntent = new Intent(BluetoothAdapter.ACTION_REQUEST_ENABLE);
        startActivityForResult(enableIntent, REQUEST_ENABLE_BT);
        //否则，安装聊天会话
    } else {
        if (mChatService == null) setupChat();
    }
}
@Override
```

```java
public synchronized void onResume() {
    super.onResume();
    if(D) Log.e(TAG, "+ ON RESUME +");
    //在 onResume()完成这个检测涵盖了在 onStart()过程没有使能 BT 的这种情况，所以
    //我们被迫使能它。当 ACTION_REQUEST_ENABLE 活动返回时就会调用
    //onResume()。
    if (mChatService != null) {
        //只有当状态为 STATE_NONE 时，我们才知道还没开始准备
        if (mChatService.getState() == BluetoothChatService.STATE_NONE) {
            //启动蓝牙聊天服务
            mChatService.start();
            BluetoothDevice device = mBluetoothAdapter.getRemoteDevice(address);
            //尝试连接设备
            mChatService.connect(device);
        }
    }
    helloString.setText(send1.sendData("<request,helloString>"));
}
private void setupChat() {
    Log.d(TAG, "setupChat()");
    //初始化蓝牙聊天服务来完成蓝牙连接
    mChatService = new BluetoothChatService(this, mHandler);
}
@Override
public synchronized void onPause() {
    super.onPause();
    if(D) Log.e(TAG, "- ON PAUSE -");
}
@Override
public void onStop() {
    super.onStop();
    if(D) Log.e(TAG, "-- ON STOP --");
}
@Override
public void onDestroy() {
    super.onDestroy();
    //终止蓝牙聊天服务
    if (mChatService != null) mChatService.stop();
    if(D) Log.e(TAG, "--- ON DESTROY ---");
```

```
        }
private final Handler mHandler = new Handler() {
    @Override
    public void handleMessage(Message msg) {
        int cmdStart,cmdEnd,dataStart,dataEnd;
        switch (msg.what)
        {
            case MESSAGE_STATE_CHANGE:
            if(D) Log.i(TAG, "MESSAGE_STATE_CHANGE: " + msg.arg1);
            switch (msg.arg1) {
                case BluetoothChatService.STATE_CONNECTED:        //已建立连接
                scanWait.dismiss();
                break;
                case BluetoothChatService.STATE_CONNECTING:       //正在连接
                //mTitle.setText(R.string.title_connecting);
                break;
                case BluetoothChatService.STATE_LISTEN:            //正在监听
                case BluetoothChatService.STATE_NONE:
                //mTitle.setText(R.string.title_not_connected);
                break;
            }
            break;
            case MESSAGE_WRITE:              //写数据
            break;
            case MESSAGE_READ:              //读数据
            byte[] readBuf = (byte[]) msg.obj;
            //在缓冲器中构造合法类型的字符串
                String readMessage = new String(readBuf, 0, msg.arg1);
                temp=temp+readMessage;
                cmdStart=temp.indexOf('<')+1; //分段，分别找到"<"、","、">"三个
                                             //字符的位置并分出命令段和数据段
        cmdEnd=temp.indexOf(',');
        dataStart=cmdEnd+1;
        dataEnd=temp.indexOf('>', dataStart);
          If(cmdStart!=-1 && cmdEnd>cmdStart && dataEnd>dataStart){
          if(temp.substring(cmdStart, cmdEnd).equals("oxi")){          //血氧
                    oxygenValue.setText(temp.substring(dataStart, dataEnd));
                }
            else if(temp.substring(cmdStart, cmdEnd).equals("pul")){       //脉搏
```

```
                    speedValue.setText(temp.substring(dataStart, dataEnd));
            }
            else{

            }
            send1.sendData(temp.substring(cmdStart-1, dataEnd+1));
                                        //发送整理完成的数据包，<xx,xx>
            temp=temp.substring(dataEnd+1).toString();
        }
        if(temp.length()>17) temp="";        //格式错误的时候会出现连续 17 个
            字符中没有出现 1 个数据包,此时应清空数据
        break;
        case MESSAGE_DEVICE_NAME:
        break;
        case MESSAGE_TOAST:
        Toast.makeText(getApplicationContext(), msg.getData().getString(TOAST),
        Toast.LENGTH_SHORT).show();
        break;

        }
    };
}
```

7.3.4 小结

    本节的实例可作为大家进行一个 Android 具体应用开发的实施范例。一个 Android 应用开发需要经过需求分析、系统架构、界面设计、模块划分、代码编写和测试这几个步骤进行，这样才能确保应用开发的完整性，在开发过程中也不会遇到太多问题。

    本节的实例涉及到了蓝牙使用和 socket 数据发送两方面的基础服务，同时也包括了 Android 操作系统中几大控件的使用，对于新手来说，算是一个不错的开发过程入门指导。

参 考 文 献

[1]   [美]埃克尔. Java 编程思想. 4 版. 陈昊鹏，译. 北京：机械工业出版社，2010.

[2]   [美]布洛克. Effective Java. 中文版第 2 版. 杨春花，俞黎敏，译. 北京：机械工业出版社，2009.

[3]   Sierra K，Bates B. Head First Java. 中文版第 2 版. O'Reilly Taiwan 公司，译. 北京：中国电力出版社，2007.

[4]   Y. Daniel Liang. Java 语言程序设计进阶篇. 6 版. 万波，郑海红，等译. 北京：机械工业出版社，2008.

[5]   辛运帏，等. Java 程序设计. 北京：清华大学出版社，2006.

[6]   杨丰盛. Android 应用开发揭秘. 北京：机械工业出版社，2010.

[7]   [美]罗杰. Android 应用开发. 李耀亮，译. 北京：人民邮电出版社，2010.

[8]   [英]梅尔. Android 2 高级编程. 2 版. 王超，译. 北京：清华大学出版社，2010.

[9]   哈希米，克曼特内尼，麦克莱恩. 精通 Android 2. 杨越，译. 北京：人民邮电出版社，2010.

[10]   余志龙，等. Google Android SDK 开发范例大全. 2 版. 北京：人民邮电出版社，2010.